五軌精彩議程 | 十五場工作坊 | 千人開放影展

更多資訊請上 http://coscup.org/2015/

CONTENTS

3D EVOLUTION

20

72

封面故事:
Local Motors公司的CEO傑·羅傑斯坐在
3D列印車Strati裡。(Erik Fuller攝影)

70

www.makerlab.tw

創客萊吧
Maker Lab

CONTENTS

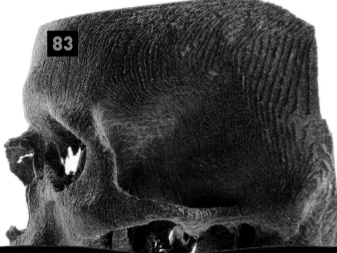

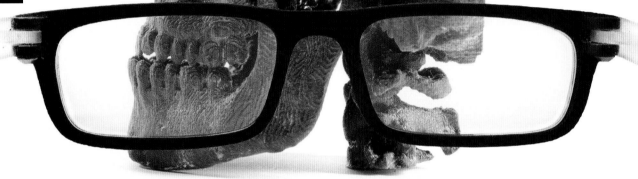

82
83

88

ALTAIR 8800 COMPUTER

ARM mbed™物聯網開發平台
實現IoT創新無限想像！

ARM

mbed.com

ARM Taiwan

國家圖書館出版品預行編目資料

Make：國際中文版／MAKER MEDIA 編.
-- 初版. -- 臺北市：泰電電業，2015.7　冊；公分
ISBN：978-986-405-011-6　（第 18 冊：平裝）

1. 生活科技
400　　　　　　　　　　　　　　　104002320

FOUNDER & CEO
Dale Dougherty
dale@makezine.com

CFO
Todd Sotkiewicz
todd@makezine.com

*

CREATIVE DIRECTOR
Jason Babler
jbabler@makezine.com

*

EDITORIAL

EXECUTIVE EDITOR
Mike Senese
msenese@makezine.com

COMMUNITY EDITOR
Caleb Kraft
caleb@makermedia.com

MANAGING EDITOR
Cindy Lum

PROJECTS EDITOR
Keith Hammond
khammond@makezine.com

SENIOR EDITOR
Greta Lorge

TECHNICAL EDITOR
David Scheltema

DIGITAL FABRICATION EDITOR
Anna Kaziunas France

EDITORS
Laura Cochrane
Nathan Hurst

EDITORIAL ASSISTANT
Craig Couden

COPY EDITOR
Laurie Barton

PUBLISHER, BOOKS
Brian Jepson

EDITOR, BOOKS
Patrick DiJusto

LABS MANAGER
Marty Marfin

DESIGN, PHOTOGRAPHY & VIDEO

ART DIRECTOR
Juliann Brown

DESIGNER
Jim Burke

PHOTO EDITOR
Jeffrey Braverman

PHOTOGRAPHER
Gunther Kirsch

VIDEO PRODUCER
Tyler Winegarner

VIDEOGRAPHER
Nat Wilson-Heckathorn

WEBSITE

MANAGING DIRECTOR
Alice Hill

DIRECTOR OF ONLINE OPERATIONS
Clair Whitmer

SENIOR WEB DESIGNER
Josh Wright

WEB PRODUCERS
Bill Olson
David Beauchamp

SOFTWARE ENGINEER
Jay Zalowitz

國際中文版譯者

Dana：自2006年開始翻譯工作，與國衛院、工研院、農委會、Garmin等公司合作，並多次擔任國外會議隨行口譯之職務。

Madison：2010年開始兼職筆譯生涯，專長領域是自然、科普與行銷。

孟令函：畢業於師大英語系，現就讀於師大翻譯所碩士班。喜歡音樂、電影、閱讀、閒晃，也喜歡跟三隻貓室友說話。

屠建明：目前為全職譯者。身為愛丁堡大學的文學畢業生，深陷小說、戲劇的世界，但也曾主修電機，對任何科技新知都有濃烈的興趣。

張婉秦：蘇格蘭史崔克萊大學國際行銷碩士，輔大影像傳播系學士，一直在媒體與行銷界打滾，喜歡學語言，對新奇的東西毫無抵抗能力。

曾吉弘：CAVEDU教育團隊專業講師（www.cavedu.com）。著有多本機器人程式設計專書。

劉允中：臺灣人，臺灣大學心理學系研究生，興趣為語言與認知神經科學。喜歡旅行、閱讀、聽音樂、唱歌，現為兼職譯者。

謝孟璇：畢業於政大教育系、臺師大英語所。曾任教育業，受文字召喚而投身筆譯與出版相關工作。

謝明珊：臺灣大學政治系國際關係組碩士。專職翻譯雜誌、電影、電視，並樂在其中，深信人就是要做自己喜歡的事。

Make：國際中文版18
（Make：Volume 42）

編者：MAKER MEDIA
總編輯：周均健
執行主編：黃渝婷
主編：顏妤安
編輯：劉盈孜
版面構成：陳佩娟
行銷總監：鍾珮婷
行銷企劃：洪卉君、林進韋
出版：泰電電業股份有限公司
地址：臺北市中正區博愛路76號8樓
電話：（02）2381-1180
傳真：（02）2314-3621
劃撥帳號：1942-3543 泰電電業股份有限公司
網站：http://www.makezine.com.tw
總經銷：時報文化出版企業股份有限公司
電話：（02）2306-6842
地址：桃園縣龜山鄉萬壽路2段351號
印刷：時報文化出版企業股份有限公司
ISBN：978-986-405-011-6
2015年7月初版　定價260元

版權所有・翻印必究（Printed in Taiwan）
◎本書如有缺頁、破損、裝訂錯誤，請寄回本公司更換

Vol.19
2015/9
預定發行

www.makezine.com.tw 更新中!

下列網址提供本書之注釋、勘誤表與訂正等資訊。 makezine.com.tw/magazine-collate.html

跟著 InnoRacer™ 2S
去旅行吧!

關於速度的競逐,你需要32位元 Cortex M3核心晶片,完備的速度控制程式庫、高轉速的直流馬達、6軸姿態感測器、良好抓地力的矽膠輪胎、以及充滿電力的11.1V鋰聚電池。還有一杯咖啡,釋放你對速度追求的熱情與品味!

利基應用科技股份有限公司
www.innovati.com.tw

A 3D World Cup
3D 世界盃

如果3D印表機像足球隊伍一樣互相較勁，結果會怎樣呢？

文：戴爾·多爾蒂 Maker Media的創辦人兼執行長
譯：謝孟璇

如果世界上也有3D列印技術的世界盃比賽，結果會怎樣？ 我在前往德國參加漢諾威Maker Faire途中，想到這個點子；當時世界盃足球賽戰況正熱。Maker Faire結束後的星期六那晚，我到飯店酒吧觀賞賽事，當天比利時輸給了阿根廷，而荷蘭在PK大戰中擊敗了哥斯大黎加。最後一場比賽結束、我正準備離開時，一對兄弟前來自我介紹：他們是來自盧森堡的麥可·辛納（Michel Sinner）與耶夫·辛納（Yves Sinner）。麥可與耶夫經營3Dprintingforbeginners.com這個網站。他們先參加了巴黎Maker Faire，接著到漢諾威來。我們邊走邊聊，我提起《MAKE》雜誌正在籌備年度的3D印表機回顧特輯。這是今年一場專屬自造者的「PK大戰」，即將在俄亥俄州揚斯敦（Youngstown）一家公私合營的積層製造公司——「美洲製造」（America Makes）舉行。耶夫說，他身為固特異（Goodyear）輪胎公司的創新顧問，所以多次出差到俄亥俄州阿克倫（Akron），也因此，他非常清楚揚斯敦的地理位置。天啊，世界可真小！於是我便邀請他們兩位加入，他們也熱情地答應了。

「美洲製造」在揚斯敦市中心整修了一間店面（即原本的「家具世界」（Furnitureland））；揚斯敦就像中西部其他許多以製造業為基礎的小城市一樣，正竭力想從衰敗中再站起來。這間公司廠房以磚塊與木材橫梁為建材打造，共有三層樓，裡頭有非常多工業用3D印表機。執行編輯安娜·法蘭絲（Anna Kaziunas France）為我們在地下室安排了22臺型號不同的商業3D印表機（我們最後測試到的共達26臺），並組出一個共17人的測試團隊——15位美國人，再加上麥可與耶夫兩人。看著那一排3D印表機時，麥可跟我說：「這裡根本就是3D印表機的天堂嘛。」活動一開始，美洲製造的董事瑞夫·雷斯尼克（Ralph Resnick），以及幾位揚斯敦市的代表出面來歡迎我們；他們很樂見這裡有這個活動，讓揚斯敦成為3D列印的足球賽場。

如果真的有3D世界盃，光是美國國內，就有足夠的隊伍能打聯盟賽。代表加州的，就有來自帕薩迪納的Deezmaker，科斯塔梅薩的Airwolf，林肯市的Printrbot，以及舊金山的Type A。科羅拉多州有LulzBot，南卡羅來納有3D Systems，印第安納州的戈申市乍看不像3D列印公司會落腳的地方，但偏偏誕生了SeeMeCNC，創建了「獵戶座三角洲3D印表機」（Orion Delta 3D printer）。從麻省理工學院分割出來的Formlabs足以代表波士頓出賽，MakerGear則替克里夫蘭州報名。自造者領銜團體MakerBot，更是布魯克林復甦的代表，也展現出紐約市在製造業上的回歸姿態。3D印表機的美國聯盟啊，競爭激烈得很。「真美」（Dremel）公司也加入了3D列印的賽事（我們這一期會預告）亦有可能讓比賽局面整個改觀。

然而，讓3D世界盃之所以有可能開打的，還是在於國際上有愈來愈多菁英隊伍浮出檯面。首先，葡萄牙團隊BeeVeryCreative打造的BeeTheFirst，

設計超吸睛，肯定獲得觀眾擁戴。德國派出參賽的，會是我在漢諾威Maker Faire上見到、橘綠相間的Fabbster。義大利會由DWSLAB所設計的XFAB出賽。加拿大可能端出來自溫哥華的「白雪Ditto Pro」。我們還會見到Zortrax設計的M200，代表波蘭披荊上陣；be3D設計的DeeGreen，則是捷克的戰將。歐洲最銳不可擋的國家大概就是荷蘭了，因為他們的Ultimaker是所有測試員的最愛；而且還有Leapfrog與Felix兩種機型。較少為人知的，還有瑞典的ZWYZ、西班牙來自bq的Witbox、法國的SpiderBot、英國的Robox（我們無法測試以上所有機型）。我已經能想像，波蘭與葡萄牙在最後八強時的猛力廝殺。

如果到了亞洲，場上隊伍就冷清了些。不過，中國製造的3D印表機數量已愈來愈多，Dremel印表機所依據衍生的原型FlashForge就是如此。標示為Afinia的UP印表機，把矛頭對準美國市場，是功能佳而成本低的產品。我們還測試到一款由XYZprinting出品的廉價機型「達文西」（da Vinci），可以代表臺灣與中國，但是在成型技術上它還不足以稱霸。還有一些複製品，例如Mbot，無論設計與表現都較勉強。但要知道，中國這國家可不只是懂得複製而已。雖然今年也許沒有一款中國印表機能擄獲測試員的心，但它的未來，依然值得拭目以待。

印表機評估賽進行到南美洲地區時，便嘎然而止。雖然有可能是因為我們的團隊未能及時找到人選，但至少目前還看不出來，有什麼3D印表機能代表巴西或阿根廷。

話說回來，在「美洲製造」的地下室所評估的這些印表機，早就夠我們舉行一輪由16個國家輪流出賽的全球賽事了。準決賽上我們可能會見到「達文西」對上Ultimaker。我個人認為MakerBot的實力足以打入決賽，但卻會像巴西足球隊一樣中箭落馬；然後一同爭取冠軍寶座的兩支最強隊伍，將分別是美國與荷蘭：LulzBot TAZ 4對上Ultimaker 2。●

加入聯發科技創意實驗室

與我們一起開創物聯網技術的未來

新一波的消費產品浪潮已經到來 － 智能化、可互聯，更小巧。
如果您與我們一樣，對此雄心勃勃，歡迎加入聯發科技創意實驗室，
了解我們為您準備的硬件、開發工具和平台在內的全面支持，
並與我們的合作伙伴一起將精巧的創意發揚光大。

探索為何創客喜愛聯發科技創意實驗室

「加入聯發科技創意實驗室後我可以接觸到廣大又活躍的創客社區，
與志同道合的開發者和聯發科技的專家互動，
還有豐富的開發工具，技術支持和聯發科技最新的開發平台與組件。」

－ Mark A. Malo，軟件工程師，美國

「我加入了聯發科技創意實驗室為了成為廣大物聯網社區的一份子，
並想獲得行業內最新的信息和其他志同道合的開發者
和設備制造商的幫助。我獲得的技術支持非常優秀。」

－ Henrik Olsson，物聯網傳道者，瑞典

立即加入會員！
labs.mediatek.com

PUNKS and MAKERS

龐克與自造者 看音樂革命如何啟動自造者運動。

文：克里斯·安德森 ■圖：馬修·比靈頓 ■譯：謝孟璇

去年，德州奧斯汀的西南偏南藝術節上（South by Southwest），超脫樂團（Nirvana）前任鼓手戴夫·格羅爾（Dave Grohl）演說了一段話，相信自造者聽了都會心有戚戚焉：

> 從小我就超想加入樂團，我曾日復一日獨自待在臥室裡，身邊只有唱片與吉他，就這樣彈上好幾個小時。我會把枕頭疊在床上，弄成一套鼓的形狀，跟著唱片一起彈，彈到連牆上《匆促樂團》（Rush）海報都有我的一身汗。後來我甚至想了個方法組成單人樂團。我拿出破爛的手持錄音機，按下錄製鍵，錄下一段吉他瘋奏。然後把那張卡帶拿出來，用家裡的立體音響放出來，同時把另一張卡帶放到手持錄音機裡；接著按下音響，播放立體聲，然後，我播放錄好的吉他聲，再搭上鼓聲，繼續用手持錄音機錄音。瞧！一人分飾多角耶！那時我才12歲！

這是整個1980年代共享的世代經驗，尤其是早期的獨立/龐克音樂。然而你也能從這種地下樂團的音樂革命，瞥見今天自造者運動起步的端倪。格羅爾及他的同代人，使製造工具逐漸大眾化，直到現在，舉凡是桌上型製造或到群眾募資，都依然受此影響，雨露均霑。

1980年初期，正值青少年的我，就住在華盛頓特區這龐克搖滾的音樂重鎮，因此有幸躬逢其盛。Minor Threat與Teen Idles這類硬蕊搖滾樂團，是住郊區的孩子組起來的，還在教堂的地下室表演。當時我不會演奏樂器，天份也有限，但我為這運動帶來的刺激而深深著迷，甚至參與了

一些小樂團。我並未因此踏上音樂明星之路，可是，那的確喚醒了我體內DIY魂，大幅影響我後來的生涯。

1980年代的龐克現象有個特別的地方，那就是這些樂團不只是演奏音樂而已，還開始出版。隨著影印機變得普及（Kinko影印店在1980年代初期遍及全國），DIY

的「小雜誌」（zine）刊物，於是能靠著商店、表演節目與郵寄服務散播出去。廉價的四軌錄音機，像TEAC Portastudio（1981年剛出產時可是要價1,200美元的）的問世，讓樂團得以不靠專業錄音室，自行錄製音樂並混音。同時小型的黑膠壓片廠也愈來愈多，樂團可以製作少量的單曲或EP，透過郵購與在地商店銷售出去。

這就是DIY音樂產業的起源。音樂大廠們的工具（像是錄製、生產、行銷音樂等）落入了一般大眾手裡。最後，由Minor Threat領銜、Fugazi爾後也跟進的音樂品牌，終於自立門戶，開創他們名為「Dischord 唱片」（Dischord Records）的自有品牌，推出數以百計的專輯，且至今還屹立不搖。他們不需為出唱片而妥協音樂創作，也不需要在乎銷售數字或爭取電臺演奏，但是他們還是能吸引到自己的歌迷；也確實，歌迷是靠著口耳相傳的方式，觸及這些小眾音樂公司，然後寄來大把的明信片，訂購一般商城找不著的音樂。這種相對小眾的低調品牌，反而讓歌迷覺得真實可信，間接促進了全球次文化的興起，形塑了今日的網路文化。

我當時參與過的樂團該做的都做了，從影印傳單、編小雜誌，到錄製四軌錄音帶，製作獨立唱片。我們從來未曾大鳴大放，但那不重要。都有各自正職的我們，只是選擇在工作以外，繼續從事一些能讓自己揮灑創意的事，邀請人們來欣賞我們演出。

當時的DIY龐克運動採納了各種不同生產方式，網路世代的人們，採用的則是桌上型出版系統，然後是網站、部落格與現今的社群媒體。獨立壓製的黑膠，現在變成了YouTube音樂錄影帶，四軌錄音帶變成了Pro Tools音樂軟體與iPad音樂。車庫裡演奏的樂團，變成了Apple的GarageBand編曲程式。

也就是說，昨日的車庫樂團，造就了今日車庫裡的硬體初創公司，Kickstarter就是全新的獨立發行平臺。龐克不死——只是把必備的電吉他換成了烙鐵。

克里斯·安德森 Chris Anderson
是3D Robotics公司之創辦人，也是《自造者時代：啟動人人製造的第三次工業革命》的作者與《連線》（Wired）的前任總編。

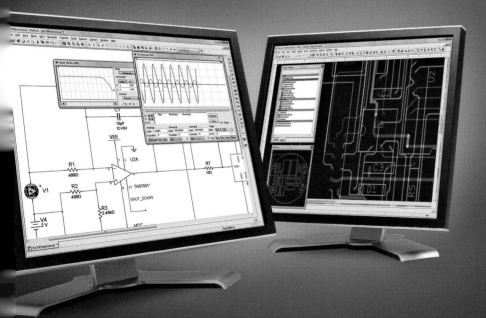

Wrongs and Rights

侵權與權利 談到3D列印技術所牽涉的著作權，可能與你想像的不同。

3D列印技術即將使你對智慧財產權的舊有認知全面改觀。雖然實體物件可透過著作權、專利或商標獲得保護，不過若換到數位產品，例如照片或電腦程式碼身上，情況便會有所改變。光是這樣，就可能在開放原始碼授權時產生問題，並混淆了著作權與專利之間的差異。

著作權屬智慧財產權的一種，會自動對像是繪畫、詩與雕塑等創作提供保護。軟體也受到著作權法保護，因為本質上它被視為如同小說或詩作一樣。當創作人創造出屬於「著作權」作品的同時，作品就自動受到保護了──你毋須再為它登記。也可以說，無論我們到底想不想要，我們自己或多或少，都可能是數以萬件作品的著作權人。

不過，著作權的其中一個限制，就是只能保護創作物件。實用物件，例如製造工具本身，其實是透過專利來保護的。專利與著作權有很多不同，最重要的一點，就是專利並非自動生效。你必須主動去登記，這是一件很耗費時間與金錢的事。每款軟體程式或每件壁畫，都自動受到著作權保護、等著被授權使用，但如果是製作工具用的引擎，卻什麼保護都沒有。

一旦你的創作受到著作權或專利的保護，你就有權指定他人該如何使用──這就是授權的意思。各種開放原始碼軟體與創作共用授權（Creative Commons licenses），會自動保護著作權，但另一方面也開放使用方式，以鼓勵他人的分享與共用。這些授權方式都有法律的支持，如果你在非授權狀態下使用了受保護的作品，你就可能侵犯了它的著作權。

當談到3D列印，必須謹記的一點是，你必須把物件與文件檔案分開來看。雖然數位照片本身與數位照片的檔案，在本質上是同一個東西，不過智財法卻把照片與代表照片的檔案，分別看作兩回事。

純粹實用的物件，例如螺絲釘，就清楚地歸類在「專利」陣營裡，無法受著作權法保護。不過，在這裡讓我們姑且先說螺絲釘的數位檔享有著作權好了，然後那個檔案被分享在Thingiverse網站上，使用創用「姓名標示、非商業性、相同方式分享3.0」（Attribution- NonCommercial-ShareAlike 3.0）授權。這種授權到底是什麼意思呢？

首先，很多人不會把這種授權看作是開源授權，因為它違反開源軟硬體規定的其中之一：「對程式在任何領域內的利用不得有差別待遇。」其次，創用授權大概只能保護檔案，而不包括以這個檔案而建成的任何物件。不遵守這串名稱（姓名標示，相同方式分享或諸如此類）地直接複製數位檔，便侵犯了著作權。然而，創用授權並未保護這份檔案所代表的實用物件──也就是螺絲釘。因此，只要不複製數位文件檔，任何人都能自由地複製螺絲釘，不必顧慮授權的問題。

我們可以相當確定地說，實體物件不像數位檔一樣受著作權保護；這一點，可能會讓很多正將數位檔上傳到檔案分享網站上的人，感到相當驚訝。

此外，至少有一起法律案例指出，物件的3D掃描檔不同於照片，無法享有著作權。這不代表掃描不會觸犯著作權，但確實代表了，掃描者並非因此擁有掃描檔的著作權。

為了理解這個邏輯，讓我們想像一下，假設艾莉絲有天創作了一座雕塑，因為雕塑是非實用的創作，於是艾莉絲便擁有這座雕塑的著作權。接著鮑伯走過來，掃描了這座雕像，並創造出這座雕像的複製品；如果他並未經過艾莉絲同意就這麼做了，他大概就觸犯了著作權法。不過，鮑伯並未擁有掃描檔的著作權。所以如果接著查爾斯走過來，未經鮑伯同意就拷貝了他的掃描檔，那麼查爾斯也並未侵犯鮑伯的著作權，因為從一開始，鮑伯就未曾擁有這份掃描檔的著作權。

這就說明了，每當我們談論侵權時，很重要的就是要能清楚追蹤到一開始的根源。你在談的到底是製作出來的物體本身，還是該物的數位檔呢？

我們這些處理了20幾年公開授權問題的法律人，至今仍不斷在思考開放著作權的議題。要把那樣的經驗帶入3D列印範圍裡，需要對著作權法有相當細緻的理解，才能知道何時該採用、何時又不該採用。這是相當困難的。尤其，在根本不需主張著作權時，便去假定有侵犯著作權的可能，恐怕只會使狀況更加複雜。

麥可・溫柏格
Michael Weinberg
是非營利倡議組織「公共知識」（Public Knowledge）的副總，該公司位於華盛頓特區，代表客戶處理科技政策議題。
@MWeinbergPK

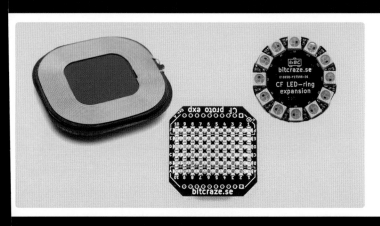

MADE ON EARTH

綜合報導全球各地精采的DIY作品

跟我們分享你知道的精采的作品
editor@makezine.com.tw

譯：謝孟璇

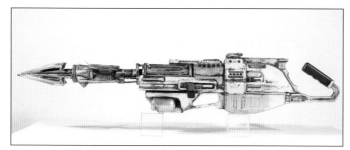

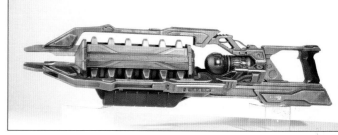

捕鯨砲

我從 3D 遊戲的模型開始動工，再設計成能夠防水，並轉成 STL 檔，然後送入我的 Carvewright CNC 車床。這臺車床能接手 90% 的工作，但我仍得把零件磨順，為製模準備。每個零件都使用矽橡膠壓模成型，然後塗上半硬化的聚氨酯樹脂，這樣遇到撞擊時，它只會彎曲而不碎裂。組裝且清潔後，剩餘的工作，就是拿出你高超的天份好好上漆，如此一來就能把一件塑膠物美化成逼真、強大的怪物狩獵武器。

閃電槍

繼捕鯨砲後，這把閃電槍是我會想掛到自己牆上的作品。因為很多零件之前重複做過很多次，所以原型設計與製作模型很快就做起來了。鑄造的部分花了我一點時間，不過一旦整體組裝起來後，就能立刻上漆。

鍛造電子遊戲的道具

PROTAGONIST4HIRE.BLOGSPOT.COM

一切源起於我一個在 2K Games 遊戲公司工作的朋友。他有天問我：「你有沒有認識的人可以幫即將上市的科幻電玩做出 4 個真實道具？」我當下就有了答案，「有，有個人超適合：尚恩・索爾森（Shawn Thorsson）。」

索爾森本人和他的戲服及道具作品，曾在《MAKE》英文版 vol.32 封面露過臉，讓我們增色不少；他肯定是這任務最適合的人選。然而，要在不到一個月內打造出四個真實大小的道具，幾乎累垮了他，但成果依舊教人驚艷不已。

在《惡靈進化》（Evolve）這款電玩裡，你可以選擇菜鳥獵人與巨獸對打，或者你也可以選擇當怪物的角色。只是從索爾森打造的兵器看來，怪物的贏面顯然不大。一起聽聽看他是如何打造出每款武器的。

—傑森・鮑勃勒

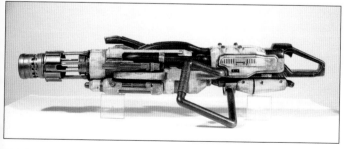

雷射切割器

這款武器乍看起來很簡單，製作卻最困難。它總共有 54 件獨立零件，必須以 CNC 車床製作、3D 列印成型、製模、鑄型、磨順、上漆，然後組裝起來，才算大功告成。

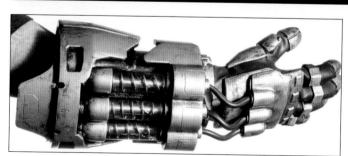

死而復生設備

這款武器使用了 3D 列印成型的外殼，外殼固定在一片旋轉製模樹脂底座，以及一隻重型電工防護手套上。至於後方的管套呢，我是拿一些彈簧與鋁合金棍棒來做，然後把它們裝入乾淨的壓克力管裡，接著在管裡填入蒸餾水與食用色素，最後把它們封起來就好了。

TRANSCRI.BE

珠光復刻引擎

　　有鋼、縞瑪瑙、橡膠、羔羊皮。比利時籍的藝術家艾瑞克・范霍夫（Eric Van Hove）使用了70種不同材質，包含木材、珍珠與貴重金屬，打造出「V12 Laraki」這款賓士（Mercedes-Benz）6.2升V12引擎的復刻版。

　　「我自己身為藝術家，一直認為引擎是最美的一個隱喻；那其中每個看似微不足道的部分，都必須彼此完美結合才可以。」范霍夫說，「如果有一小塊零件不見了，無論它多小，甚至小到你看不見，卻都足以使整臺引擎卡住不動。」為了這個工藝品，范霍夫在以傳統手工藝聞名的摩洛哥，雇用了57位當地師傅，以長達9個月的時間把它完成。

　　賓士V12是最複雜的引擎之一；范霍夫的這個版本無法真的上路，不過他正在準備動工另一款相似、確實能運轉的電動摩托車引擎，因為電動引擎比較不會產生熱或壓力。

　　「有些手工師傅們因為參與製作這臺引擎，而徹底改變，」他說。「他們明白它的潛能；當中很多人感覺自己突破了以往的侷限，因而想再進一步嘗試。我也是如此。」

　　　　　　　　　　　　　　　　　　　　　　　　──內森・荷爾斯特

Eric Van Hove

紙雕燈箱

THEBLACKBOOKGALLERY.COM/ARTISTS/HARI-DEEPTI

哈里克什南·潘尼克爾
（Harikrishnan Panicker）
與蒂普提·納爾（Deepti
Nair）這對夫妻，從家鄉印
度遷居到科羅拉多州丹佛時，
經營起一間網版印刷工作室，
希望藉此認識更多人。

接著，在名為「哈里與蒂
普提」（Hari & Deepti）的
工作室裡，他們開始展示兩
人合創的成品，隨時間過去，
逐漸孕育出獨特的紙雕仙境。
「剛開始盒子裡沒有點上燈
光，但是有我們手繪的水彩透景畫，」哈里解釋説，「我們在
印度看過皮影戲，那是峇里島上的一種藝術形式，我們試了一
下，立刻覺得它美得不可思議。」

每個場景都是這對夫妻的聯手創作。「自然給我們極大的
啟發，我們總是以那樣的觀點來看事情，不管做不做得成燈箱
都一樣。我們會先從一個想法開始思考，坐下來，一起畫完草
圖，然後把各個漸層轉到一張牛皮紙上，再分別雕刻出來。」

他們的作品大小從5英吋乘以7英吋，甚至6平方呎都有。最
大件的作品從草圖到完成，共花了一個月時間。

　　　　　　　　　　　　　　　　　　　　　　——格雷戈里·海斯

Harikrishnan Panicker and Deepti Nair

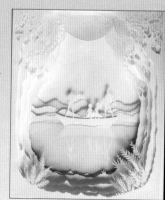

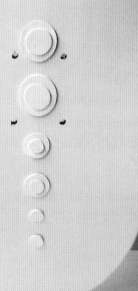

Neil Mendoza

鳥鳴機 NEILMENDOZA.COM/

　　手機在我們眼裡好比壓力感應裝置，無論去到哪裡，總像是負責提醒我們應盡的義務。不過，合作藝術家尼爾‧門多薩（Neil Mendoza）和安東尼‧哥歐（Anthony Goh）利用毀損或被丟棄的手機，創作出既和諧又美觀的雕塑裝置來。「Escape III」這隻停棲在樹上的鳥兒，就是一件人動電能的互動式裝置。

　　每隻配備Arduino的機器鳥兒都透過乙太網路（Ethernet）聯接至一臺Raspberry Pi，由它來協調鳥兒的動作、叫聲與燈光效果。這些鳥兒不只能呼應彼此的鳴叫，觀賞者還能使用在它一旁的1940年代轉盤式話機，撥電話給它。

　　根據尼爾的說法，這個裝置藉著這些「被拋棄的手機與噪音，創造出另一種美麗的現實來」。這件作品確實做到了這點。

　　　　　　　　　　　　　　　　　　—麥特‧理查森

環境照明

TEMPESCOPE.COM

　　肯恩·川本（Ken Kawamoto）在研讀氣象學的空閒之餘，突然有了Tempescope環境氣候顯示器的構想：「我在想，假如我能在桌面上重現雲和雨的形成過程，也許能幫我更了解氣象，而且那看起來一定也很酷。」

　　Tempescope 環境氣候顯示器是使用ATmega328P 微處理器、水泵及噴霧器所打造出來的，能模擬晴天、陰天和雨天。同時RGB LED燈也能在天氣預報時，提供與天候對應的日光甚至閃電。它的遙控器是用USB連接PC，天氣資訊則無線傳輸到裝置裡。因為天氣資訊是取自網路，所以你不只能看到自家後院的天氣概況，還能見到世界上其他地方的風起雲湧。

　　因此，就算外頭天氣溫和，你依然能置身在細雨天裡，窩在沙發上讀本好書。

—克雷格·考登

自造界出英雄

迪士尼的全新天團，
一身創造力與高科技裝備。

HEROES
IN THE
MAKING

文：奈森·赫斯特　譯：謝孟璇

華特‧迪士尼（Walt Disney）是位自造者。當迪士尼電影把奇幻與魔法帶到世人面前，這位米老鼠的幕後推手，卻也是個打造主題樂園與自動販賣機的機器人專家與未來學者。也難怪，迪士尼最新的動畫長片會以自造者與機器人專家為主角。《大英雄天團》（Big Hero 6）這部改編自漫威同名漫畫的動畫，將故事聚焦在一位天才青少年濱田廣（Hiro Hamada）身上。而他的好夥伴，就是個充氣機器人杯麵（Baymax）。

機器人電影並非前所未見，迪士尼過去也做過。但是《大英雄天團》的作法很不同；它以3D列印機、掃描器、奈米機器人、自造空間與軟機器人為主軸。迪士尼之所以把自造技術帶到大螢幕前，就是要向眾人宣告，自造者也可以是超級英雄。

動畫電影中，主角阿廣在揭發某個犯罪陰謀的過程裡，自組了一個超級英雄團隊；不過這群人並非遭受什麼輻射意外而突然擁有超能力，而是憑著自己的創造力來對抗一位操控眾多微型無人機的面具怪客。迪士尼的前兩部動畫《冰雪奇緣》（Frozen）和《無敵破壞王》（Wreck-It Ralph）分別屬於奇幻童話以及對1980年代的懷舊故事，然而《大英雄天團》卻是要讚揚自造者。這可說屬意料中事。

「我們全體團隊都熱愛自造。我們當中很多人就是自造愛好者、3D列印技術人員或3D機械師。有空時我們就會動手東敲西打，製造各種玩意。」說話的是迪士尼動畫技術總監安迪‧亨德里克森（Andy Hendrickson），他也是個自行製造潛水零件的潛水員。「我們關注3D列印以及物聯網（Internet of Things）好多年了。除了個人的嗜好以外，我們也不斷在想辦法，嘗試把最新潮的東西放到電影裡。」

立基於現實

這部動畫一方面發揮迪士尼一貫的精神，另一方面，裡頭的自造工具都經過重新設想，並搭配迪斯尼專有的派頭；在立基現實的同時也企圖超越它，為未來可能誕生的發明款式，做出優先示範。故事裡，阿廣自己組裝出奈米機器人群，那很類似哈佛大學今年設計打造的、能自行改變形狀的Kilobots機器群之進階版。他在學校自造空間裡所使用的3D印表機有多

隻成型手臂，而且因為使用更好的材料，所以成型速度比現實中的3D印表機快速（許多）。城市上方則有風力機漂浮，能透過繫繩把電力往下輸送。

「我們想要電影稍微具有未來感，但不脫現實。因此我們研究了許許多多的尖端科技。」副導演唐‧霍爾（Don Hall）說。「我們試著往前看5到10年左右，想像這些科技會走向哪裡，然後做出預測。對我而言，3D列印技術簡直是無可限量。」

接著是杯麵這個角色；一開始，它只是阿廣的醫護機器人，不過，阿廣就與所有典型的青少年沒兩樣，完全不覺得自己需要被保護。當阿廣得開始與一位超級大壞蛋對抗時，杯麵也需要進行功能改造，包含添增3D列印盔甲與火箭飛拳等武器。「因此很重要的一點是，阿廣必須具備這類知識，手邊也要有工具才有辦法改造杯麵。」副導演克里斯‧威廉斯（Chris Williams）說。「毫無疑問地，阿廣必須是個自造者，這個故事才可行。」

隨之而來的螢幕冒險，等於直接轉述了我們現實中對軟機器人的研究構想，包含它的耐用性與（自我）修復力，甚至，也預告了未來機器人可能的模樣——例如那副脆脆的外骨架。

霍爾與威廉斯一邊探索科技與場景的各種可能，也一邊四處旅行。他們拜訪NASA的噴氣推進實驗室（Jet Propulsion Lab）、舊金山的TechShop與華特迪士尼幻想工程（Disney Imagineering）部門，還有MIT、哈佛、東京大學等機器人實驗室（電影發生在「舊京山」（San Fransokyo），亦即日本東京與美國舊金山兩城的結合）。在卡內基美隆大學，他們認識了機器人教授克里斯‧艾克森（Chris Atkeson），一起參觀了他的實驗室。

「我們的挑戰就在於怎麼創造出一個螢幕前所未見的機器人，它必須吸引人、讓人想抱它、看起來討人喜愛。」霍爾說。「一看到克里斯的乙烯基充氣機器人，我立刻就知道，就是它了，它就是杯麵。因此杯麵的性格、造型等一切，實際上就是這趟卡內基美隆研究之旅的成果。」

艾克森讓兩位副導看了一段錄影，裡頭敘說iRobot機器人公司如何從一個較小型、可攜帶的盒子，擴充出一個軟機器人——那很類似杯麵的製造方式；艾克森也問

「我們試著往前看5到10年左右，想像這些科技會走向哪裡，然後做出預測。對我而言，3D列印技術簡直是無可限量。」

「你是否有能力打造出一個替代物來
填補你心中的空缺？」

他們：「何不做個充氣式機器人呢？」

「如果你希望機器人真的會與人互動，它們就必須柔軟而安全，在我們的想像裡，充氣機器人就是它會有的模樣。」艾克森說。充氣機器人不只比金屬機器人價廉，也比較輕巧安全，適合個人照護。他解釋，要照顧人類的話，機器人要能觸摸人類。「你會需要幫人類穿衣服，梳頭髮，你得幫他們刷牙。你不會用推土機來做這些事，那太危險了。」

進化版杯麵

阿廣的故事可以從 1990 年代說起，當時「自造者」這一詞根本還很少見；然後杯麵的角色也比較像是保鏢，而不是護士。當時兩位漫威的作者史蒂芬・席格（Steven Seagle）與鄧肯・魯洛（Duncan Rouleau），從日本流行文化比喻中借用了部分角色（一位天才少年與他的機器人）讓他們組成一個團隊，創作出《阿爾法飛行隊》（Alpha Flight）這部漫畫作品。這對雙人組當時根本沒想到，少年與機器人後來會現身在不只一本漫畫書裡。那個年代的美國，對於日本動漫、漫畫或他們這類作品都還不太認識。但席格和魯洛在作品中深刻探討了機器人與人類的關係，從今日眼光看來，可說極具先見之明。兩位漫畫家還為角色提供充實的設定與背景故事，這也是迪士尼相當倚重的部分。

電影動畫中，阿廣是從哥哥那兒得到杯麵的──這部分與漫畫原著稍微不同。因此，這對搭檔的關係比較像是手足之情，而不是造物者工程師與機器人。「如果你是天才，你是否有能力打造出一個替代物，填補你心中的空缺、屋子裡的空缺、家庭的空缺？」席格問。「在原版漫畫裡，機器人有點像是把這個空缺填滿的角色。」

席格和魯洛現在還共同經營著一間多媒體製作公司，名為「行動者工作室」（Man of Action）。除《大英雄天團》外，華納卡通頻道（Cartoon Network）《Ben 10》電視動畫，也是他們倆最知名的作品；每每談及這些，他們總是展現出對角色與故事的熱愛。而《大英雄天團》中的角色群，不只侷限於阿廣與杯麵，在迪士尼的詮釋中，除了一個較晚加入團隊的角色外，其餘身分全是自造者。

《大英雄天團》在 2008 年突然又出現

了；這一次，是出現在漫畫家克里斯・克萊蒙特（Chris Claremont）筆下。克萊蒙特同時也是漫威的明星漫畫家，作品還曾在《X戰警》（X-men）電影系列裡露臉。短短五集《大英雄天團》內，克萊蒙特沒鋪陳什麼背景，但引入了另一個新角色，那就是費德（Fred）──或名費吉拉（Fredzilla）；漫畫中的他懷藏著巨大神祕的力量。創作這系列時，克萊蒙特說，「我剛好有機會，發展出前幾年所沒有的幾個新角色，看看我們能一起編織出怎樣有趣的故事來。《大英雄天團》很棒的地方，就是它提供一個很酷又很特別的視角，討論許多人心目中，英雄該有的標準模樣。」

不過迪士尼的電影版本裡，費吉拉卻是個可愛的宅男動漫迷，多虧阿廣的幫忙才穿上超能裝。其他角色們則與阿廣一樣，是標準的實驗控，不是愛做雷射實驗（芥末無薑 Wasabi），就是喜歡研究化學（哈妮蕾夢 Honey Lemon）與磁懸浮（神行蛋葆 Go Go Tomago）。

副導霍爾想起過去兩年來，自己從匹茲堡的機器人女孩團隊中得到的靈感。「我很佩服那些女孩的精神，也常想到，她們曾參加其他機器人團隊，但在那兒卻被分配邊疆去負責錄影工作之類的狀況，」他說。「所以，她們才出來組自己的團隊，叫『鋼鐵女孩』（Girls of Steel）。那種精神，影響了我們對神行蛋葆與哈妮蕾夢的發想。」

「我們真的被那種……有膽識去親自解決困難的人所啟發，」霍爾繼續說，「我喜歡這部電影刻意去讚頌這種精神、鼓舞這種嘗試的科學，我希望這種書呆子文化，能啟發更多孩子去認識科學知識。」為了推廣，迪士尼也與非營利教育組織 XPRIZE 合作，舉行與電影內容有關的挑戰：孩子們只要在參賽影片中，針對某個世界問題提出自己的解決方案，那麼獲選的六位，將能贏得《大英雄天團》的首映之旅。

「只要我們願意去想像未來的可能，而且有能力描繪未來可能的樣貌，」亨德里克森說，「那麼，我們在螢幕上呈現的事物，就不再那麼遙不可及，就有可能真的在未來實現。而自造者運動，就是開啟未來之鑰。」

3個打造軟機器人的技巧

想打造屬於自己的杯麵嗎？至今軟機器人也許還無法成為醫療照護機器人，但是 iRobot、Otherlab、MIT、哈佛與卡內基美隆大學的研究，都正突飛猛進。不妨參考卡內基美隆大學克里斯・艾克森教授的三大技巧，開始動工吧；欲得知更多技巧、祕訣、與資源，請造訪 makezine.com/soft-robot-techniques。

1.

想辦法把空氣密封在縫死的密閉材料裡，結構要類似衣服。其中一個實驗法，就是去買便宜的充氣玩具（或把那些破掉的搜刮回來）然後使用修復工具，像是熱氣焊接機或瞬間封口機，重新縫合。

2.

使用 3D 設計與列印技術（或機械加工或切割）來製作更複雜的形狀。直接在彈性材料上製作可能會相當困難，但這只是其中一種方法，你可以先用這些技術來製模，好供其他彈性材料使用。

3.

你可以刻蝕、雕塑、浸漬、噴霧，或者為像是矽氧樹脂等軟性材料製模。這個成品顯然無法像杯麵那麼充氣膨脹，但你可以在裡頭內建氣囊空間，進一步裝載致動器、感測器、電池等設備。

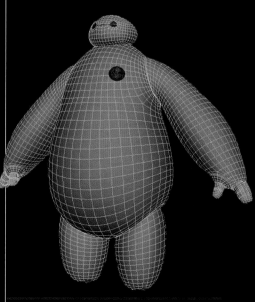

RASPBERRY PI

Inside

Raspberry Pi 的心臟

有了新的運算模組，自造者用Linux系統製作產品不再只是夢想。

文：麥特·理查森
譯：劉允中

麥特·理查森 Matt Richardson
現居美國洛杉磯，是自造者、作家，同時
也是超級按鈕工作室（Awesome Button
Studios）顧問公司的老闆，這間公司主要的
業務內容是結合創意與科技。

在加州奧克蘭市一個熱鬧的工作坊當中，3位夥伴創造了一項新產——可改造的相機，用來製作GIF動畫；在5,000英里之外，英國的雪菲爾市（Sheffield）有一群產品開發師正在製作一款新的開放原始碼媒體播放程式；同時，荷蘭也有團隊在研發一個聲控家電自動化系統。這3個團隊有一個共同點，就是在產品中使用Raspberry Pi的全新運算模組，拜它所賜，高端科技更為平易近人，看似不成熟的構想有了可以實現的機會。

在此之前，如果用Raspberry Pi做專題，將專題產品化時會遇到一些挑戰，因為專題和產品的差距太大了。既然現在有了更成熟的硬體平臺和更友善的技術門檻，自造者更可以順理成章邁向「專業」。

比方說，Arduino就是學習上傳程式碼到Atmel AVR微晶片的入門管道，每一臺Arduino上面都必備Atmel晶片。Arduino平臺之所以受歡迎，是因為它結合了多種零件，簡化了寫入程式碼的過

Jeffrey Braverman

程。學會Arduino之後，自造者就可以捨棄不需要的功能，直接運用Arduino的心臟（AVR晶片）製作專題，就像學會騎腳踏車之後就不需要輔助輪了一樣，我們可以想像，許多使用Atmel晶片產品的初始構想都是一些自造者專題。

Raspberry Pi基金會確信他們低價的Linux單晶片電腦也有異曲同工之妙。雖然Raspberry Pi的主要宗旨是向成人與孩童推廣資訊科學教育，不過Raspberry Pi卻稱霸了業餘玩家的低價Linux微電腦市場。Raspberry Pi常常是多媒體或網路連線專題的核心，如果自造者們對於硬體的需求高於Arduino的配備，他們通常就會開始使用Raspberry Pi微電腦。

2014年4月，Raspberry Pi基金會發布了運算模組，自造者們多了一個新的平臺製作原型，終於可以將這項科技整合到絕佳的產品中。跟Arduino使用者的歷程相同。根據Raspberry Pi基金會的說法，他們「希望將Raspberry Pi的核心技術輸出，使得這款運算模組可以直接整合到產品或裝置中」。幾個月之內，我們就看到許多群眾募資的專題標榜使用Raspberry Pi的運算模組。

為了做到這一步，Raspberry Pi的研發團隊首先面對的是尺寸問題。雖然Raspberry Pi Model B的體積不大，但對於大多數產品還是太大了。因此，他們將核心的零件縮到更小的板子上，與標準規格的DDR2 SODIMM記憶體模組尺寸相當。現在，Raspberry Pi運算模組可以放在任何印刷電路板上，就像把RAM模組放到筆記型電腦的主機板上那樣，裡面包含一顆CPU、RAM和快閃記憶體，是個麻雀雖小、五臟俱全的Linux裝置。

為了幫助大家上手，Raspberry Pi基金會也推出了產品開發套件包，裡頭有Raspberry Pi運算模組以及I/O擴充板，可以外接電源，也可以外接各式零件的I/O針腳。將Raspberry Pi運算模組裝上電路板之後，等於就是將Raspberry Pi融入產品當中了，而且，跟一般規格的

Raspberry Pi相比，運算模組的I/O針腳較多，而且還多了顯示器與相機接頭。

Raspberry Pi運算模組打開了更大的市場，現在，Raspberry Pi不僅限於學術界或業餘玩家的應用，更成為許多Linux嵌入式產品的實際選擇。

其實，這個概念並不新奇，10年前，加州紅木市的Gumstix公司就曾經開始販賣Linux運算模組。但是，Gumstix和其他製造類似產品的公司將焦點放在商業與工業上的應用，而非從業餘玩家晉升職業開發者的這些廣大群眾。

另外，Raspberry Pi與眾不同的地方在於廣大的使用者社群：Raspberry Pi的使用者超過300萬人，其他產品完全無法相抗衡。這群使用者在軟體更新之後，就會迅速實測並回報技術問題，鼓舞Raspberry Pi基金會持續升級軟體。

廣大的使用者社群還有一個好處。如果有人用Raspberry Pi製作了一個產品，社群中自然會有人幫忙製作教學指南、技術支援、程式碼範例、應用程式、線路圖等，在網路上都可以免費找到。

對於加州奧克蘭市的「下一個好東西」（The Next Thing）公司來說，Raspberry Pi運算模組上市的時間點恰到好處。在此之前，他們用Raspberry Pi Model B開發可改造的GIF相機OTTO，在聽到這個產品訊息之前，他們正好在爭吵是不是要繼續使用Raspberry Pi Model B。

「那個時候，我覺得使用Raspberry Pi的話，不算是完整的產品。」OTTO相機的產品開發工程師大衛·洛奇威克（Dave Rauchwerk）說，「那是自造者用的玩意，是很棒，但是功能有限。Raspberry Pi適合學習與實驗，但沒辦法做更進一步的事情。」

但是，就在Raspberry Pi運算模組產品公布的24小時內，洛奇威克就和Raspberry Pi的開發者艾本·厄普頓（Eben Upton）通上電話。

「一開始，我就先好好的跟艾本道謝，接著，我說『對啊，我們正在開發一款相

我們正在開發一款相機，而我真的很需要RASPBERRY PI運算模組。

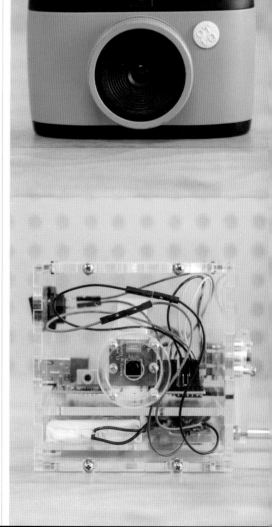

之前，OTTO相機並非如此光鮮亮麗，它經歷了好幾個產品原型時期，比方說一開始採用的是透明外殼（最下圖），後來變成藍色外殼（下圖），目前最新的厚紙板外型是一套軟體開發套件包，畢竟，OTTO相機的核心概念就是要便於改造。

機，而我真的很需要Raspberry Pi運算模組」。」

同時，Raspberry Pi的研發團隊也很高興可以看到The Next Thing很快就將Raspberry Pi運算模組實際運用在產品中，這就是他們希望看到的Raspberry Pi產品專題。

「在此之前，你必須要有龐大的設計部門，挹注許多資金才能搞研發。」Raspberry Pi的硬體總監詹姆斯·亞當斯（James Adams）表示：「這款運算模組最讓我興奮的地方在於，現在只需要幾個人在家裡的車庫就可以動手做了，通常嶄新的創意都是從這裡開始的。」

「你知道，這種有趣的產品不可能通過傳統公司的產品開發流程，」厄普頓表示，「這必須要靠群眾募資才有可能完成。」

OTTO相機背後的團隊在舊金山灣區的Maker Faire展示了相機的產品原型，他們聲稱這是第一款以Raspberry Pi運算模組為核心的相機產品。6月時，他們成功募到6萬美元的目標，並希望可以在12月的時候就把產品交給贊助者們，在此同時，其他團隊也正如火如荼的進行Raspberry Pi運算模組的產品開發。位於英國雪菲爾市的五忍者（FiveNinjas）則在Kickstarter募資網站迅速募到9萬英鎊（約15萬美元）以上的資金，他們的產品稱為Slice，是整合Raspberry Pi運算模組的多媒體播放器，他們也希望在12月就將產品送到贊助者手中。Slice除了加入Raspberry Pi之外還有一個特色，就是可以將音樂檔案傳到播放器中，因此，在沒有網路連線的情況下也可以播放音樂。

五忍者還有一個優勢，就是Raspberry Pi的軟硬體開發團隊成員詹姆斯·亞當斯和高登·荷林沃斯（Gordon Hollingworth）也在他們的團隊中。另一方面，這對Raspberry Pi運算模組的改良也產生良好的影響，將模組套用至不同的產品對模組的後續設計有幫助。

「毫無疑問，我們對於這款運算模組都算內行，」亞當斯表示，「但是，設計產品的過程可以幫我們釐清模組本身未解決的問題，比方說，我們就碰到一些軟體上的問題，立刻可以回報給Raspberry Pi軟體團隊處理。」

厄普頓對於亞當斯和荷林沃斯加入Slice專題也表示樂觀其成，「他們現在可以體會，要將運算模組套用到可以上架Kickstarter的產品，有多麼不容易，」厄普頓指出，「在他們的努力之下，運算模組的稜角將被慢慢磨平，軟體部分也在慢慢改良，因此，接下來使用的團隊會更加順利。」

在荷蘭，有一間Athom公司就從中獲益。Athom即將為他們的產品宜家（Homey）進行群眾募資。這款產品套用了Raspberry Pi運算模組，是一個居家用品聲控自動化中心。一開始，這是艾米爾·尼基森（Emile Nijssen）的個

> 現在，製作嵌入式硬體就像1994年製作網站APP一樣。

Athom.nl

1. Homey是一套居家自動化中心，讓你可以聲控許多居家裝置。

2. Slice是可攜式多媒體播放器，外觀簡約，內建記憶體，可以播放音訊檔案、展示照片，甚至還可以播放HD與3D影片。

3. 打開之後，可以看到裡頭包含1TB的記憶體、Raspberry Pi運算模組以及客製化裝置。

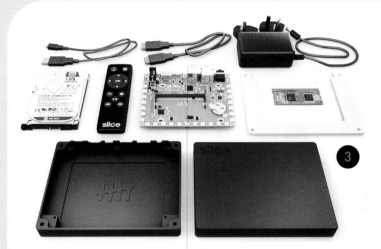

人專題，2011年，他試著在Windows電腦上開發Homey專題，後來，他發現Raspberry Pi可攜性較高，所以就改用Raspberry Pi了。在運算模組上市之後，他認為時機成熟，決定將這個個人專題變為產品。

「我們有幾個選項，」艾米爾表示，「一個就是自己設計電路板與系統單晶片，不過這樣要花的時間太長了；另一個是為Raspberry Pi或BeagleBone Black開發擴充電路板，但是這樣成本太高，而且產品效果不好。」

無巧不成書，這正好就是厄普頓希望Raspberry Pi運算模組可以彌平的差距，他認為這是將Linux系統單晶片整合進消費性電子產品很重要的進展。

「小型企業沒有辦法直接透過建造電子儀器來跟大型企業競爭，」厄普頓指出，「以往，我們可以在貿易展隨便買到6502微處理器產品，現在，什麼都必須要依賴說明不完整而且有時無法支援的系統單晶片。」

此外，價格也是重要的因素，通常，除非產量達到數萬，不然使用系統單晶片並不划算。「就算你比同業競爭者還要聰明，也得比他們聰明10倍才行，因為他們的材料成本可能只有你的十分之一。」厄普頓說。現在Raspberry Pi基金會將運算模組的價格確立下來，不管是買100組還是10,000組，價格都是每一組30美元。

Raspberry Pi基金會的策略並不是將

軟體工程師綁在Raspberry Pi平臺上，也並不期待在大量生產的消費性電子產品中運用這款運算模組。厄普頓認為，如果使用者能從運算模組上獲取經驗和靈感，並接著直接使用系統單晶片做產品開發，那這個計劃就算成功了。「OTTO相機和Slice是很好的例子，他們的專題就是我們想要達到的目標，他們做的是專業的消費電子產品設計，需要的成本低，又不需要太大的產量，還在群眾募資網站可以消化的範圍之內。」

使用Raspberry Pi運算模組的產品工程師都感到非常興奮，本文提及的3項產品都有革新之處，而這群工程師也非常期待看到其他創意。

「現在，製作嵌入式硬體就像1994年製作網站app一樣。」OTTO相機的產品工程師洛奇威克表示，「你必須要開發所有的

工具還有設備，才有辦法開始。我們開發的框架不只是為了我們的產品，也希望將它變成開放原始碼的框架，供別人使用，如果不用從鋪管開始，人們可以開發出怎麼樣的產品呢？」

連Raspberry Pi運算模組的開發者都很期待這個產品未來的發展。

「對我們來說，這是邁向未知的一步，我知道大家有很大的期待，但我們其實不知道它會如何發展。」厄普頓表示，「我們覺得很興奮，覺得運算模組可能會比Raspberry Pi還要成功！」

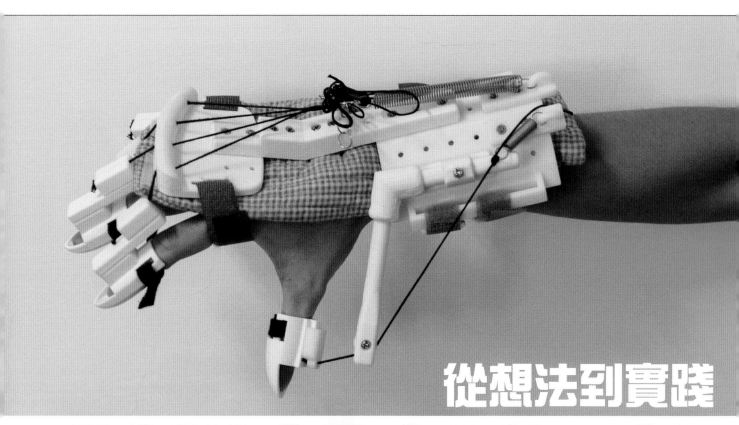

從想法到實踐

HOW OT CAN USE 3D PRINTING

文：劉盈孜
攝影：陳佩娟

職能治療師運用3D列印降低輔具製作的門檻。

劉盈孜
《MAKE》雜誌編輯，喜歡學習各類新知，關注應用科學、藝術人文、社會運動等議題，希望用淺白的文字傳播知識。

3D列印技術至今發展已經25餘年，近年來桌上型3D印表機也日趨成熟，更成為自造者空間不可或缺的硬體設備。桌上型3D印表機降低個人製作的門檻，應用廣泛，目前已經成功列印出飾品、食物、衣服、機械零件甚至一棟房子，在臺灣，桌上型3D印表機則大量使用於製作原型、個人公仔、機械零件等。當人人皆可從網路下載開放原始碼的3D列印圖檔、一窩蜂列印各種公仔時，職能治療師張開卻是將3D列印技術與個人專長結合，創立「OT × Maker」社群，發揮3D列印更大的加乘效果。

為了提升個案的品質，職能治療師需要因應不同患者的需求，製作其專屬的輔具和教具，或者設計課程與活動，訓練患者的某些能力，例如精細動作、注意力、社交能力等。在醫院服務期間，張開發現市售的輔具價格普遍昂貴（義肢約20～30萬元），也不一定適合患者，如果自行製作輔具，則需要考量時間成本，而且大幅受到製作材料的限制。現今3D列印的普及、技術門檻降低，藉著這項製造技術，治療師有望如虎添翼，優化自製輔具和教具的品質，甚至實踐心中的想法，製作出原有技術難以實踐的成品。

張開畢業於成功大學職能治療系，製作輔具和教具時，身旁的治療師會使用木頭與副木，或是鐵絲、紙箱、鋁罐、寶特瓶、串珠、黏土等材料，零星拼湊出成品，但在精緻度和耐用度上仍差強人意。然而常用的副木本來就不適合用於長期穿戴的輔具，而且用來製作結構複雜的動態輔具時，又費工耗時。一年前他接觸到3D列印，決定嘗試利用這項技術製作輔具，於是添購國內有代理的「UP！PLUS2」3D印表機，也自學Solidworks繪圖軟體，之後也成功列印出自己研發的輔具「iOpen」，過程只花了短短兩個月，親身證明了3D列印的門檻真的降低不少。

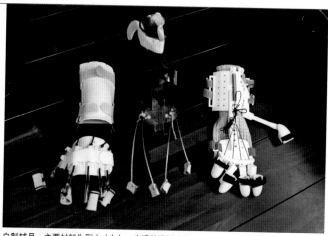

右邊 2 隻為開放原始碼義肢 Robohand，左邊 4 隻為 iOpen。

自製輔具，主要材料為副木（左）、高溫熱塑型塑膠（中，自行設計後送工廠製作）、3D 列印耗材 ABS（右）。

張開表示，3D列印軟體操作界面平易近人，國內代理的機種也提供維修服務，對使用者而言相當方便。

上肢輔具「iOpen」是張開運用過往的臨床經驗，針對中風與腦性麻痺的患者所研發，目的是讓他們在進行上肢近端訓練時，可以同時兼顧遠端的手腕及手指。張開解釋：「原理是透過繩軸連結，利用手肘的屈曲與伸展，控制手指動作。」製作材料僅需螺絲、彈力繩、魔鬼氈、樂高齒輪與用3D列印出的零件。手指部位的零件以卡榫連接，可以依使用者的需求增減列印部位和大小，非常方便。目前「iOpen」的使用者不多，張開還在多方實驗，目標最後可以模組化、開放原始碼，方便職能治療師依患者需求小幅度調整、列印組裝，利用3D列印的特性來節省製作輔具的時間。

其實3D列印輔具不限於穿戴於四肢的裝備，也可以列印生活隨處可見的物品。張開就展示了一組用來放置咖啡填壓器的模型，不要小看這個簡單的模型，這也是協助身心障礙者工作的輔具。個案在慢飛兒庇護工場負責沖泡咖啡，右手功能受損，只能用左手工作，這個模型能幫助固定填壓器，方便接粉及壓粉流程，避免咖啡粉溢出。比起穿戴於四肢的輔具和義肢，用3D列印這類的物品更為容易，卻可以大幅增進個案日常生活的方便性，而且更可以因應不同使用者的需求，加以量身打造。

3D 列印與自造者運動

3D列印技術的成長，讓專業領域有了更多的發展。「其實很多東西職能治療師都想的到，知道該如何幫助患者，只是不知道製作方法。」3D列印降低了輔具製作的門檻，再加上自造者運動的興起，只要掌握製作方法，便可投入自製輔具和活動設計的行列。張開認為OT（職能治療師）其實跟自造者的本質很像，職能治療師擅於利用跨領域的資源，持續不斷地進行創作，也樂於在社群網站討論分享，但是職能治療界似乎缺少一點自造者社群爆炸性的能量，所以他希望將這股能量帶進職能治療界。原本治療師是「純手工」打造輔具，不容易修改、複製和推廣，如果引進數位製造，建立開放原始碼的平臺，彼此交流創作，匯聚能量，發揮OT的價值，同時幫助到更多患者。

不可諱言，用3D列印技術製作輔具仍有許多限制。目前普遍的列印材質為ABS，即使耐用度比副木高，但是承重能力仍然不足，不適合下肢義肢。在硬體方面，輔具受限於印表機的大小；如果要打造完全吻合個案肢體的輔具，則需要搭配掃描器。在軟體方面，目前資料庫的資源不足，仍然需要治療師積極提供圖檔，而且想要修改圖檔、更自由運用這項技術的話，還是需要具備一定的3D繪圖能力。不過，正如張開所強調，「職能治療師是醫療界的自造者」，只要集結自造者社群的能量，不論是軟硬體的限制，有朝一日都能突破，不斷地創新，為醫療界注入一股活力。 ✎

「OT×Maker」社群網站 www.facebook.com/groups/1559466200933342/

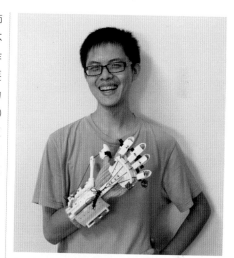

張開介紹自行研發的「iOpen」。

張開設計並列印輔具的工作桌，可以隨時使用3D印表機。

「iOpen」細部圖（張開提供）。

3D EVOLUTION

文：安娜·卡西烏納·法蘭斯　譯：劉允中

3D印表機進化論

新一代的3D印表機外觀上令人耳目一新，
但在使用上是否表裡如一、內外兼具？

2014年對3D列印技術來說是非常多采多姿的一年，從1月的國際消費性電子產品展（Consumer Electronics Show，CES）開始，我們就看到數十種不同的新機型。顯然地，積層製造的概念吸引了主要廠牌（包含Adobe、Microsoft、Hasbro、Dremel等）的目光，使得這項技術達到新一波高峰。

雖然市場上看起來一片活躍，但3D印表機實際功能的改進幅度並不大，多數產品只是就既有的硬體、軟體與使用指南做穩定度的改善（有時候甚至只是複製之前的產品）。許多機器還在發展中，而其中有一些已經開始大放異彩，它們精美的外型吸引愈來愈多的消費者注意。

在今年第三次博覽會，我幫一些機器開箱的時候，就發現光是機器封裝、外觀上就有很大的改進。以前，很多3D印表機都是用雷射切割的夾板做的，送來的時候用保麗龍球避震；現在3D印表機常是塑膠射出成型的，避震也改用量身訂製的泡棉，跟桌上型電腦出貨用的避震泡棉類似。我們可以看到這些印表機的外觀正逐漸精緻化，不過效能方面是否同樣有所增進？

我們都非常想要了解3D印表機的發展，因此，我們的核心測試小組甚至提前一個月開始準備（其中有些是參加了三次博覽會的老兵），然後就朝今年在俄亥俄州揚斯敦鎮（Youngstown）的美國製造（America Makes）出發。今年，專門研究3D的科學家安德烈斯·巴斯坦（Andreas Bastain）加入我們的團隊，我們的測試方法因此有所改革，不僅限於肉眼觀察Thingiverse的物件，還開發了一套有彈性的評估方式，並建立了參數模型，可以應付突發的狀況。有了這些事先的準備，加上凱西·荷特格蘭（Kacie Hultgren，Thingiverse的使用者名稱是PrettySmallThing）即時的資料蒐集，我們得以量化比較3D印表機，而這是之前的測試中做不到的。

在我們的產品評估當中，包含兩種互補的資料：第一種是量化的列印品質分數，另外一種則是測試團隊在依據使用印表機的經驗寫成的質性描述。和去年的測試一樣，每一種機器都經過多位3D印表機專家測試，確保產品評估結果不會受專家的個人偏好扭曲。此外，針對每一家公司的產品，我們都匿名聯絡客服人員，產品評估中提到的材料、主機端軟體和裁切軟體都由製造商推薦，但是，我們也對軟硬體的原始檔與執照進行評估與確認。

我們對今年的測試成果非常驕傲，當然，永遠都還有進步空間。這一次，我們使用Ultimachine公司橘色的PLA塑膠條作為控制變項（團隊成員們同意這是個穩定、容易取得的選擇，並且足以反映桌上型機器的使用狀況）。不過，有些機器只能使用特製的塑膠條，因此，在測試過程中有一些例外（在列印品質評論中會交代清楚）。

另外，我們的XY熔融沉積技術與Z共振機械測試似乎沒有達到預期的粒狀（Granularity）鑑定效果，只好改為成功/失敗兩種分數。還有，因為餅畫太大，我們大部分的光固化成型（SLA）測試都失敗了。聽起來似乎讓人有點灰心，不過，這都是計劃的一部分，正如安德烈斯在第34頁提到的：這些模型的設計目的就是為了失敗。

這有什麼重要呢？正如凱西在第36頁所說：「消費者會想要只按下一個按鈕就得到精確的輸出成果。」要讓消費者大量使用3D印表機（大量需求會使得價格降低，並使得這項技術得以廣泛流傳），必須要先解決兩個問題：「列印品質是否良好？」以及「3D印表機還可以有怎麼樣的發展？」◐

行之有年的美國產品博覽會

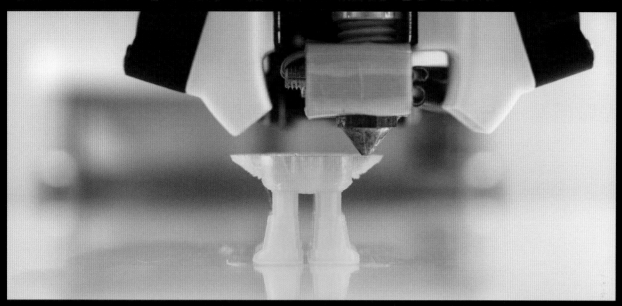

在2013年的國情咨文演說當中，美國總統歐巴馬提到位於俄亥俄州揚斯鎮的國家積層製造創新學院（National Additive Manufacturing Innovation Institute，簡稱NAMII），他認為這是尋求創新經濟模型的靈感來源。一年半之後，《MAKE》雜誌決定在這個學院進行年度3D列印測試，希望能將傳統的生產者社群與自造者運動相連結。

這個機構（在2013年重新命名為美國製造〈America Makes〉）舊址是廢棄的傢俱工廠，不僅繼承這個城市過去的工業歷史，也擁抱未來的新科技。「美國製造」的宗旨是成為3D列印這項快速發展技術的研究中心，在這裡，人們得以學習積層製造的技術（不管是桌上型或工業級）並逐漸成為專家。此外，「美國製造」還提供公司或大學需要的知識與器具，讓他們可以更上層樓。

不負眾望，機構裡設有一系列頂級的設備，可以將金屬或塑膠粉末轉化為火箭頭或風車等，創作無限的可能性。經過一個週末的測試之後，「美國製造」的創辦人兼負責人羅爾夫‧羅斯尼克（Ralph Resnick）正式宣布對外開放。參觀民眾臉上難掩興奮之情，許多人都希望往昔的「鋼谷」（Steel Valley）可以再度復興，看著這一切，我們似乎可以更加確定這個計劃是往對的方向前進。——麥可‧賽納斯（Mike Senese）

如何定義列印品質
PRINT QUALITY

不要光靠目測，失敗測試和量化評比更為準確

文：安德烈斯・巴斯坦
譯：劉允中

安德烈斯・巴斯坦 Andreas Bastain
是Autodesk公司的3D列印研究專員，除了研究既有的3D列印科技之外，他也研究新的技術。巴斯坦曾經研究尼龍材料的選擇性雷射燒結（openSLS專題）、直接金屬雷射燒結（DMLS）、新的擠出技術、中孔材料、傳統三軸熱熔成型（FFF）技術等。此外，他也是e-NABLE義肢社群的成員。在2014的3D印表機產品博覽會中，他開發了測試用的產品以及3D列印整套評估測試的方法。 andreasbastian.com

傳統上，桌上型3D印表機的製造商會以層高（layer height）來評估列印品質，雖然層高的確會影響輸出品質，但這不過是其中一個因素而已（而且其實影響不大）。影響輸出品質的因素由成型效果與功能特性兩大部分構成，包含尺寸精度、表面處理、懸空列印能力、沉積控制、機械路徑、運動控制、線材材質和切層演算法等，這些因素之間會互相影響。因此，要確立單一因素對列印品質的影響並不容易。

但是，我們的確可以透過一些幾何模型來測試特定的影響因素，儘量在可能的情況下固定其他變項，檢驗單一變項的影響，使得我們比傳統的評估方式更進一步，可以用量化的方式來呈現影響列印品質的參數。

選擇幾何模型的原因

每一個模型都經過挑選，目的是測試特定的影響因素。雖然我們列出來的因素並不完全，但這些因素確定與列印的外觀品質或使用功能緊密相關。此外，每一個幾何模型都要求將材料耗損與列印時間降到最低。

其中一些測試（例如表面細節與懸空列印）的目的在於讓印表機遭遇問題（例如擠壓頭堵塞或幾何形體輸出失敗），失敗的測試可以提供許多訊息，提供量化的評估結果，使得這些可以形成一套標準評估程序。舉例來說，除了主觀評估表面細節的結果有多糟糕之外，還有一個方法，就是測試怎麼樣可以讓擠壓頭出問題。如果改變某一個變項，直到某一個程度的時候擠壓頭就出問題了，那就可以用游標卡尺來測量，並記下量化指標。

為什麼不直接做一個大型的測試模型？

或許你會想要列印一個較大型的幾何模型來做整合性的測試。在某些情況下，這

的確可行，但如果我們要測試失敗的情況，這就行不通了。因為列印失敗的時候，可能會造成其他變項也無法正確輸出。而且，將不同因素整合在一起的時候，某一因素可能會影響另一因素的輸出表現。舉例來說，如果前一層可以先冷卻的話，懸空列印構造的成功率會比較高，如果只用一個整合性的測試，此構造在層與層之間可能會有更多的冷卻時間，使得列印結果更好。如果單獨測試懸空列印的話，每一層的冷卻時間相同（而且最短），這樣一來，不管是何種角度的懸空列印難度都相當。如果印表機可以克服每一種角度的懸空列印結構，整合性的幾何構造自然不成問題。

所以，這對今年的產品博覽會的意義是什麼？

除了以量化的方式測試今年出的3D印表機之外，我們也將所有的測試形體與評估方法公開在 makezine.com/go/print-quality網頁上，讓大家可以試著重製我們的測試結果。這些結果不但可以應用在軟體改良上，我們也可以看到軟體、機械裝置、材料的改變，可以直接影響某一個列印品質向度的效果。也就是說，我們提供了一套完整的質化與量化的列印品質評估框架。

Anna Kaziunas France

每一個模型都經過挑選，目的是測試特定的影響因素。

尺寸精度測試：
測試印表機在 XY 平面上輸出精細幾何模型的能力，可以用以檢測 XY 軸上的後座力問題。

懸空列印測試：
測試印表機輸出 30、45、60 和 70 度懸空列印構造性能。

橋接測試：
測試印表機橋接 20mm、30mm、40mm、50mm 和 60mm 水平縫隙的能力。

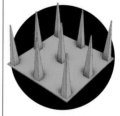

細節測試：
測試印表機輸出精細構造（從 3 平方公釐到 0.4 平方公釐）的性能。

耐受度測試：
以量化的方式測試印表機在 XY 平面處理負空間問題的能力，尤其是孔洞與插入形狀之間的關係。

XY 共振測試：
測試印表機解決單次擠壓寬度特性，並使得 XY 起重檔架暴露於震盪問題中。

Z共振測試：
將 Z 軸活動系統暴露於機械震盪問題當中。

PRINT-in-PLACE:

THE ADDITIVE HOLY GRAIL

精細列印：積層製造的聖杯

準備好列印出精細的組裝部件了嗎？

文：凱西・荷特葛蘭　譯：劉允中

凱西・荷特葛蘭 Kacie Hultgren
在3D列印社群習慣用的名字是「美麗小玩意」（Pretty Small Things），她是一位全方位的設計師，希望可以將設計出來的產品效能最大化。此外，她也是 lynda.com 的寫手，負責上傳3D列印與電腦輔助設計的相關教學影片。對於教學懷有熱情，很願意幫助其他人學習使用數位工具與硬體設備來提昇傳統工藝技術，並且以立體的形式將構想付諸現實。　@KacieHultgren
kaciehultgren.com

精細列印（Print-in-Place）是3D列印的一個設計門檻，是指列印接合處、扣件和鉸鏈等較精細的物件，這些物件可以用來製作出比印表機還大的物件。Thingiverse和Youmagine等分享平臺上也有許多設計，期許將桌上型的塑料列印3D印表機效能發揮到極致。

過去幾年來，桌上型3D印表機的列印物件日趨精細，不過，並非每一種3D印表機都可以完美列印出一樣的物件。雖然許多3D印表機廠商在傳單上強調每一層的解析度，但其實每一層的高度和PIP列印的成果關係不大。當然，印表機整體的穩定性影響輸出成果，比方說，如果印表機後座力太強、外殼不穩，或需要以鬆緊帶來避震，那當然會對輸出結果造成影響。但是，大部分的問題都可以歸結到軟體的層次，切層軟體並不只是發出3D印表機需要的數位指令而已，還會「編譯」（interpret）設計檔案。關於這一點，每一個程式都有自己的演算法。

每一種切層軟體都有不同的特性，有一些很擅長處理橋接部位或支撐材，也有一些軟體輸出的表面不均、表層很薄，而每一個設計檔案也會有個別差異，使得問題更加複雜。

很多問題的根源都在於沒有一套標準的設計參數，所以，設計師根據個人的想法創造PIP設計，再用3D印表機列印，透過不斷的嘗試與失敗，逐漸找出自己喜歡的輸出成品與模式。比方說，一個設計師用MakerWare切層軟體和MakerBot Replicator印表機，一個用Cura軟體和Ultimaker印表機，另一個用Slic3r軟體和LulzBot TAZ印表機，他們所調校出來的參數就不會一樣。

在我們的測試當中，薩繆爾・貝爾尼爾的（Samuel N. Bernier）設計的多軸機械手臂就是精細列印很好的例子。每個零件之間的間隙大概只有0.3mm，如果印表機無法精確地輸出這個間隙，那接縫處就會黏在一起了。

Jeffrey Braverman

3D列印精細物件時遇到問題了嗎？

試試看以下的步驟吧：

● 調整Z軸高度，如果噴嘴在第一層離平臺太近的話，接合處會熔掉。

● 調整塑膠條直徑，如果使用的塑膠條比一般塑膠條還粗，那噴嘴可能會一次擠出太多塑膠。所以，請用卡尺在不同的地方測量塑膠條的尺寸，並將平均值輸入切層軟體中。直接把數值增加零點幾公釐試試看。

● 製作測試用的模型，並從中改進設計。比如說，你可以設計一個模型，重現導致問題的橋接或間隙，把問題解決之後，再著手執行真的很耗時的列印工作。

● 調整擠出寬度，如果你的設計中用到特殊的壁寬（Wall thickness），試著將擠出的寬度調整到與壁寬相同。大部份的印表機噴嘴都在0.35-0.5mm左右，預設的擠出寬度不盡相同，如果輸出成品壁寬很窄的話，可能會遇到問題。

● 列印產品是否使用了參數式設計？比方說，如果設計者讓間隙限制彈性一些，可以調整的話，請記得要配合做調整。

這個手臂有65度的懸空構造，這對大部分的機器來說都是一項挑戰。

而另外一項挑戰則在於鉸鏈手腳，這必須要用到較短的橋接構造。這些構造出現在測試報告裡頭並非偶然，如果印表機無法印出完美無瑕的橋接裝置、運作無礙的懸空構造或者尺寸精準的零件，不可能成功做出像LeFabShop機器人這樣的PIP設計。如果套用原廠設定，很少印表機可以輸出完美無瑕的成果。

如果我們希望之後隨處都可以看到家庭式的3D印表機，首先必須要有良好的設計。除了要有可替換的零件之外，這些3D印表機必須跟我們現在在架上隨時可以買到的產品一樣構想縝密。比方說，這些印表機必須能克服就有挑戰性的任務，像是懸空構造、連接構造，將印表機的功能發揮到最好。此外，消費者們會想要只按下一個按鈕就得到精確的輸出成果，一般大眾根本不會想要像自造者一樣不斷調校參數、修補列印成品。

現在市面上五花八門的印表機與切層軟體使得設計格式更難統一，要解決這個問題，有可能可以從設計軟體下手，比如OpenSCAD、Autodesk Inventor和SolidWorks這些軟體可以製作出相容的參數式設計，只要修改間隙公差（gap tolerance）這類的參數，設計者就可以做出適合不同印表機的設計檔案。而像是Thingiverse的Customizer的網路介面也讓使用者可以輕易地調整設計檔的參數，不幸地是，不是每一個軟體或設計流程都支援參數式設計功能。

像LeFabShop機器人這種精細列印挑戰了我們的假設。對於我們的測試團隊來說，測試結果回答了我們一些問題，卻激發了更多問題。我們對於3D印表機有什麼期待呢？是某有朝一日所有的3D印表機都能達到某種效能？ ◢

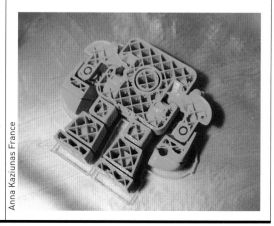

Anna Kaziunas France

ULTIMAKER 2

評比當中列印品質最好的機臺。

文：艾立‧瑞奇特　譯：曾吉弘　可於 Maker Shed 購得 bit.ly/ultimaker-2-printer

Ultimaker | ultimaker.com

- 測試時價格：2,499美元
- 最大成型尺寸：230×225×205mm
- 成型平臺類型：加熱玻璃
- 溫度控制：有
- 材料：PLA、ABS（容許以其他材料嘗試列印）
- 離線列印：SD卡，與Octoprint相容
- 機上控制：有
- 主機軟體：Cura
- 切層軟體：CuraEngine
- 作業系統：Mac、Linux、Windows
- 開放軟體：Cura/CuraEngine：AGPLv3
- 開放硬體：輔助設計檔案：CC BY-NC-SA 3.0

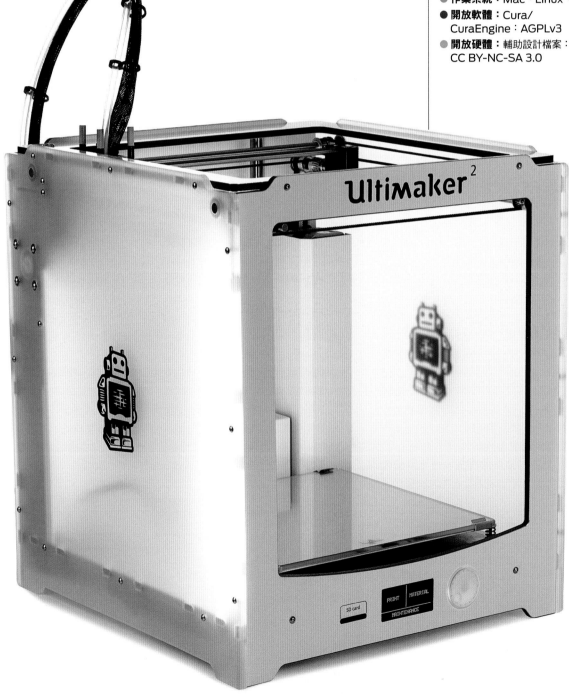

雖然**Ultimaker第二代最近才上市剛滿一年**，但它的表現大幅超越其他在我們評比中的FFF機器。這臺機器適合不希望將時間花在設定與調整參數上、只想單純上傳模型直接進行列印的使用者，但它還是能提供進階使用者控制，更加提升Ultimaker2的效能。它仍保有自己整合過後的3D列印生態系統，像是線上模型資料庫（YouMagine.com）與UltiShaper 3D線上模型工具。

優質的開箱體驗

Ultimaker送到你手上時，已幫你準備好所有的零件，只需卸下玻璃成型平臺上的氣泡紙，將其固定在鋁製扣環上即可。裝上線材支架，啟動電源並進行水平校準，這臺機器便準備完成了。我們可以利用「紙張厚度」這個方法來手動校準平臺，搭配OLED螢幕上的操作步驟可使我們快速完成校準。而自動校平也是一項頗受歡迎的功能，三點系統（相對於必須使用兩個旋鈕來同時調整的四點系統）運作得更好，輕鬆轉動旋鈕便可以輕鬆完成校準作業。

我們所準備的列印模型，可搭配Ultimaker的開源軟體——Cura一起使用，而你可以將檔案直接存到SD卡中。軟體的組態設定十分容易：只要從預設清單中選擇你想要的印表機即可，這很適合只要上傳模型並進行列印的使用者。Cura預設的「快捷（Quickpoint）」模式有3種基本的列印品質可供選擇：快速、一般和高品質。進階使用者可以將軟體調成「專業模式」，以便調整更多的參數。但一般模式已可完成大部分的列印工作，但對於較小的模型來說列印速度可能會有點太快。此外，使用機上控制面板就能直接列印SD卡中的檔案。

這臺印表機在使用預設設定進行列印時，它的排名便已領先大部分的測試機，尤其它在物理穩定上的表現更是優異。而較低分的測試項目，如懸空列印與連接列印則因速度過快而影響其成效，但只要調整一些參數便可以大幅改善。

功能完整且與 Octoprint 相容

Ultimaker2具有所有第一線3D印表機該有的功能：可加熱的玻璃平臺、成型區的照明功能、內建機上控制、兩個PLA散熱風扇與堅固耐看的外殼。因為它與OctoPrint相容，所以使用者可以額外透過Raspberry Pi搭配Wi-Fi收發器，可用無線方式進行列印（並使用Cura來切層）。但它仍有缺乏的功能，像是自動校準和第二個噴頭，現在這部分仍在開發階段，也沒在記者會上發布。所以如果雙噴頭是你的必買需求，那可能還要等一陣子。不過，Ultimaker的噴頭座一直都有保留一個位置給可能出現的第二顆噴頭，所以這臺機器是可以升級的。

未臻完美但已非常接近

不過，Ultimaker2還是有令人不太滿意的地方，在我們評比的過程中，照明用的LED燈有三分之二不會亮（因為我們說過會徹底評比）。要在噴頭中填入線材並不是很順手，而加熱端上的風扇聲有點大——對於這臺其餘部分很安靜的機器來說真的很可惜。當我們匿名詢問Ultimaker關於故障LED燈條的部分，他們也提供給我們良好的除錯方法與替換零件。

結論

建議預算範圍比較低的自造者們參考別的機種。但是目前市場上幾乎無人能出其右，因為它具有高列印品質與簡單的列印過程，容易上手的軟體，還配上超吸引人的完整套件。 ⊘

想找出 Ultimaker 2 令人不滿意的地方可能沒那麼簡單。

列印評分

項目	1	2	3	4	5
● 精確度			3		
● 層高					5
● 橋接				4	
● 懸空列印			3		
● 細部特徵					5
● 表面取線					5
● 表面總評					5
● 公差					5

項目	不合格	合格
● XY平面共振		合格
● Z軸共振		合格

專業建議

● 列印較小物件時請降低列印速度，或是調整Cura參數來設定每層的最短列印時間。

● 用膠水把需隔夜列印的大型物件黏在平臺上——延伸邊緣和筏會比較難去除。

● 請手動將線材從加熱端上取下（先加熱噴嘴再取出線材，在進行「更換線材程序」前請清理加熱管與線材末端，避免融化的塊狀物阻塞進料。

購買理由

它是我們評比當中列印品質最好的，好用的加熱玻璃成型平臺是列印PLA的絕佳選擇，此外也適用於ABS、尼龍、PETT和T-glase。軟體對初學者來說很容易上手，也有提供完整的控制設定檔，機上控制介面可以在列印過程中調整溫度與速度。

列印成品

艾立・瑞奇特 Eli Richter
白天是工程師，晚上則是自造者。更是HackPittsburgh的核心成員，負責管理與維修3D印表機程式。他參與的其他專題還有HackPittsburgh的「PPPRS車隊」、「駭入未來」。
elijahrichter.wordpress.com

TAZ 4

設計周全的結構，漂亮的列印成品，彈性化的硬體設備。

文：麥特‧斯特爾茨　譯：曾吉弘

TAZ 4 | lulzbot.com

- 測試時價格：2,195美元
- 最大成型尺寸：298×275×250mm
- 成型平臺類型：加熱玻璃
- 溫度控制：有
- 材料：ABS、PLA、HIPS、PVA以及木質線材
- 離線列印：SD卡，與Octoprint相容
- 機上控制：有
- 主機軟體：Printrum
- 切層軟體：Slic3r
- 作業系統：Mac、Linux、Windows
- 開放軟體：第三方軟體
- 開放硬體：GPLv3和CC-BY-SA 4.0

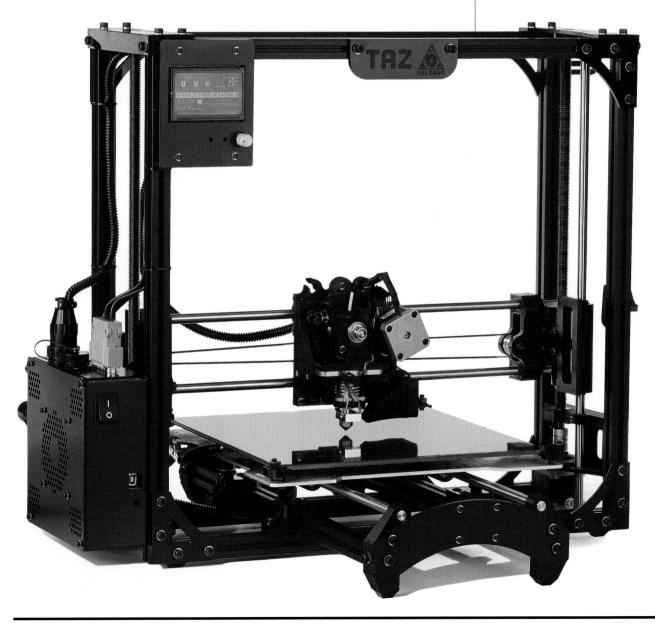

Brian Kaldorf

在今年要測試的印表機名單中，我將 **LulzBot TAZ 4 排得很前面。** LulzBot所生產的機器在工程技術和細節上所下的功夫總是令我印象深刻。

去年我已經測試過第一代的TAZ，但今年我想知道它進步了多少。我期待它成為電腦狂熱者們的新寵兒——而且還能夠列印用來展是當成零件的大型物品。我其實不期待它在高品質列印的表現能與市場上其他機器並駕齊驅，但結果卻使我驚艷！

組裝簡單，還有防呆接頭

打開TAZ 4的包裝，你會發現這臺機器幾乎都被組裝好了，只有少數幾個零件為了方便運送而分開包裝。包裝則有一本快速組裝指南、一本較大的使用手冊、一組線材捲軸和好用的工具組。組裝工作易如反掌——TAZ 4的高品質接頭讓你想接錯都難。大部分的零件可以直接用手組裝，只有少數零件需要用到工具組。搭配快速組裝指南，讓你在一小時之內就能準備就緒，開始進行列印第一件作品。

工程師出品，為工程師而設計

當所有3D印表機都將重點放在提升設計美感時，LulzBot TAZ 4卻不打算爭取這場選美比賽的名次——因為它是由工程師為工程師而設計的產物。它的開發者不但花時間思考如何印出他們想要的作品，更致力於找出更好的工作方式。它的線材捲軸用鉸鍊相連，以便在運送或存放時節省空間，要用的時候只要弄出來鎖緊即可。線材會先經過導孔，並能根據機器的動作來調整角度。我們發現大部分的3D印表機都是將螺絲孔直接打在塑料上，或是在背面鎖上螺帽來固定螺栓。但TAZ則使用嵌入式螺絲孔，以確保所有連接處都能妥善固定。TAZ在直線運動方面用易格斯公司（igus）出產的聚合物軸承，而

非一般的滾珠軸承。這種軸承運作起來不只安靜且無須潤滑，因此便不需要維修，使用壽命也更長。

保持開放原始碼

即使愈來愈多印表機以封閉原始碼的方式上市，但LulzBot仍堅守諾言，持續製造資源完全開放的印表機。它的所有檔案，包含原始檔案、電路圖與程式碼，你都可以自由修改、製作，甚至重新設計機器的任何部分，他們還提供非常多適用於各個作業系統的印表機切層與主機軟體。LulzBot的網站上也提供熱門開放軟體Slic3r引擎的組態設定檔案，讓你能調整機器來搭配多種不同的材料，就算是用ABS、PLA、NinjaFlex或其他材料來列印都變得方便且快速。連TAZ包裝內含的使用手冊也是開放的，若你看完這篇評論覺得毫無所獲，可以到 bit.ly/taz-manual 下載檔案來看。檔案內容不只是印表機相關知識而已，也適合所有對3D列印感興趣的人閱讀。若你是Slic3r使用者，這更是你的必讀教材！

結論

所以TAZ 4最適合列印哪種作品呢？我還不敢直言它是適合初學者的印表機，但它所附的快速使用指南與手冊讓任何人都能輕易上手並操作它。自造者、電腦高手、工程師與藝術家更能自在地使用這臺機器。它的大型加熱玻璃成型平臺，離線列印功能與便利的調整，一定能滿足這些人的需求。有時候，花時間在工程技術上比設計華麗的外表來得更重要。 ◙

> 有時候，花時間在工程技術上比設計華麗的外表來得更重要。

列印評分

● 精確度	1 2 3 4	5
● 層高	1 2 3 4	5
橋接	1 2 3 4	5
● 懸空列印	1 2 3	4
細部特徵	1 2 3 4	5
表面取線	1 2	3 4 5
表面總評	1 2	3
公差	1 2	3 4 5
XY平面共振	不合格	合格
Z軸共振	不合格	合格

專業建議

● 它的快速組裝噴頭讓升級變得十分簡單，LulzBot早已推出一款彈性線材噴頭，並且保證很快就能升級為雙噴頭。

● 如果TAZ並非你想要的印表機，你仍可以下載bit.ly/taz-manual網站上的手冊，裡頭有許多Slic3r與3DP的資訊與使用訣竅。

● 可到LulzBot的網站下載Slic3r的組態設定檔，這樣很快就能使用多種材料來列印。

購買理由

採用加熱玻璃的大面積成型平臺讓取下列印成品變得簡單，並支援大多數的 材料。它不但資源完全開放，設計非常精良，具備能快速替換的噴頭系統、極佳的使用手冊，還附帶品質優良的工具組。它能用多種不同的材料來製作高品質的列印成品，還能升級為支援彈性線材的噴頭。

列印成品

麥特·斯特爾茨
Matt Stultz
是3D Printing Providence和HackPittsburgh的 創 辦人與成員，身為一位專業的軟體開發者，也讓他對自造這檔事有著源源不絕的熱情！3DPPVD.org

PRINTRBOT SIMPLE METAL

去年的可攜式裝置「最有價值」得主，今年帶著更多新功能回來了。 文：路易斯‧羅德里格斯 譯：曾吉弘

可於 Maker Shed 購得 bit.ly/printbot-metal

Printrbot Simple Metal | printrbot.com

- **測試時價格：**599美元（另外還有金屬把手的部分是39美元）
- **最大成型尺寸：**150×150×150mm
- **成型平臺類型：**非加熱玻璃（可升級為加熱玻璃）
- **溫度控制：**有
- **材料：**PLA（ABS需搭配加熱底座）
- **離線列印：**Micro SD卡，與Octoprint相容
- **機上控制：**無，但可另外加裝LCD
- **主機軟體：**Repetier-Host
- **切層軟體：**Slic3r
- **作業系統：**Mac、Windows、Linux
- **開放軟體：**第三方軟體
- **開放硬體：**輔助設計檔案：CC BY-NC-SA 3.0

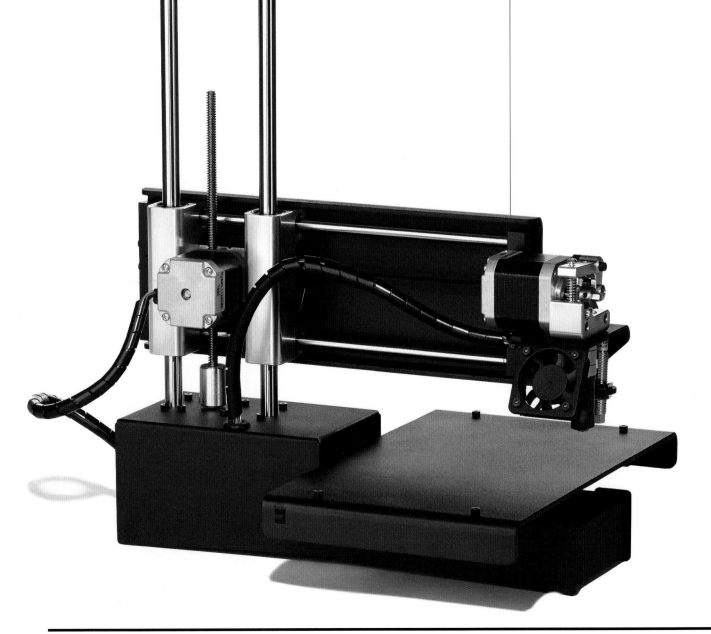

Brian Kaldorf

這臺全金屬製之Printbot的Simple Metal看起來比較像是專業電動工具，而非入門3D印表機。這臺小型可攜式印表機體型輕薄，讓它具備很好的質感，且標配內建自動校準平臺，讓它表現得比先前的木製前輩要來得更好。這臺印表機功能齊全，而且比其他性能類似的機種都便宜許多。

> 這臺印表機功能齊全，而且比其他性能類似的機種都便宜許多。

表現依舊，改以全金屬製成

由原本的Simple印表機升級而來（仍以「Maker工具組」的方式進行販售），包含150×150×150mm的大尺寸成型平臺、覆蓋粉末塗層的鋼製骨架、更粗壯的拋光導桿、裝在鋁製滑動架上大型線性軸承與全鋁製的直接驅動噴頭，搭配可替換擠出頭的UBIS加熱端。我們所組裝的評比機器多加了一隻鋁製把手（花39美元即可升級）和線材捲軸固定器（免費）。

許多可供選擇的升級項目

有了大尺寸的成型平臺，你可以在未加熱平臺上印製一般體積的PLA或尼龍材質作品。若你選擇升級為加熱平臺，則可以印製ABS材質。事實上，當你將它升級成加熱平臺（99美元）與可替換擠出頭（尺寸從0.25到0.75mm，每個售價為8美元），就能讓你自由嘗試各種材料。你可以使用Repetier-Host進行連線列印，或經由內建的Micro SD卡進行離線列印，甚至是選購Printbot的LCD控制器工具套件（65美元）來加裝機上控制面板。別忘了列印一個風扇護罩來為機器升級，它能使連接與懸吊列印的表現更完美。

改良的使用說明，以及強大的支援

Simple印表機的安裝說明非常專業且詳盡，它擁有的資訊內容，多到會令你暈頭轉向，當你遇到問題時它隨時都可派上用場。Printbot還有一個強大的支援網站（help.printbot.com）以及社群平臺（printbottalk.com），你還可以在這些地方看到Printbot創辦人布魯克·德拉姆（Brook Drumm）直接出來回答問題，這真是個不錯的顧客服務。而這個網站也有針對教師與學生所設計的教材（learn.printbot.com）。

一些小問題

金屬Simple印表機已經算相當棒，但還不是很完美。因為自動校準的初始設定過程有點麻煩，你需要一邊使用雙手來調整探針，還要同時對抗調整螺母的張力。雷射切割製的扳手在這裡可以幫上忙，它可算是協助你設置Printbot的優秀小幫手。另外，在你發現機器下方的微弱燈光之前，很難判斷機器是否開機。在燈光明亮的房間裡，這個燈號並不明顯。而我們在8小時的隔夜列印過程中也遭遇嚴重的噴頭阻塞問題，最後還導致線材從噴頭中噴出，形成近乎完美的彈簧狀線圈。

雖然這是常見的開放資源工具鏈問題，不一定與Printbot直接相關，它可能是使用者初次碰到Slic3r的多重設定視窗與對話框之後的另一次打擊。我願意嘗試官方推薦的另一個開放資源Cura，因為就連Printbot的社群也推薦使用它。除此之外，Repetier-Host的「寫入SD」功能並未使我感到驚艷，因為操作起來並不是很順手。

結論

這臺印表機算是人們一大福音，而且表現得一點也不像入門款機型。我每天都對科學城的訪客推薦這款印表機，解釋它擁有許多高價位印表機的功能（甚至還有一些高價位機型所沒有的功能）。這些介紹引起了教育人士和在意預算的家長們的注意。對於我那些駭客空間的朋友們來說也很完美，因為他們常常花費許多心力在那些列印、調校與成品不如金屬製Simple印表機的機器上。

列印成品

**路易斯·羅德里格斯
Luis Rodriguez**
是堪薩斯 Maker Faire 的主要發起人，自2009年得到MakerBot 的 Cupcake 後便開始接觸3D列印。路易斯在科學城工作，並擔任Maker Studio 和 Spark!Lab 的管理人。
unionstation.org/sciencecity

DITTO PRO

初學者也能輕易上手，加上迷人造型與實惠價格，適合手作玩家使用。

文：約翰・亞貝拉　譯：曾吉弘

DITTO PRO | tinkerine.com

- 測試時價格：1,899美元
- 最大成型尺寸：220×165×220mm
- 成型平臺類型：非加熱玻璃
- 溫度控制：有
- 材料：PLA
- 離線列印：SD卡，與Octoprint相容
- 機上控制：有
- 主機軟體：Tinkerine Suite
- 切層軟體：Integrated CuraEngine
- 作業系統：Mac、Windows
- 開放軟體：未開放
- 開放硬體：未開放

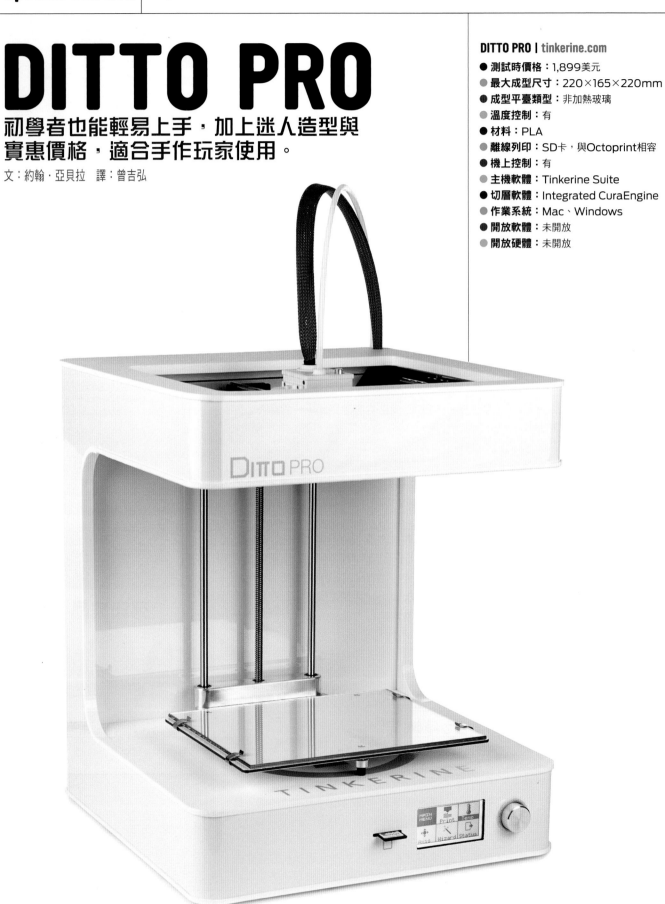

Brian Kaldorf

去年有參加的溫哥華Tinkerine工作室推出了閃亮的新型印表機——Ditto Pro。經過一連串的測試，我們發現這臺潔白印表機相當令人喜愛。

獨特的開放式 C 型結構

延續之前Ditto與Litto的開放式設計，新的Pro也採用「開放式C型結構」的成型平臺。這樣的設計非常適合進行列印示範，觀眾可以直接看見列印過程。以白色的Dibond面板，搭配明亮的LED照明與設計精良的噴頭加熱端，還有內建含SD卡插槽的圖形化LCD螢幕，只要依照螢幕提示即可完成線材的填裝與替換。

Ditto Pro是少數將線材捲軸放在印表機內的系統，雖然這只是一個小細節，但當你需要更多空間時，它就能顛覆你的想像。

整體列印品質評比第四名

這臺機器在我們的整體列印品質測試中得分高居第四，尤其在懸空列印與表面處理的部分表現最為亮眼。Ditto Pro的成型平臺大小為220×165×220mm，比平均值稍低一些，但它配裝的是可拆卸的非加熱玻璃成型平臺，因此這臺機器只能印製PLA材質的作品。依照螢幕上的指示操作三點調整手把便能輕鬆校準成型平臺，但我們的測試人員在列印黏著力上碰到一些困難，最後我們只好使用膠水解決。

直觀的訂製軟體

Tinkerine為自家印表機設計一套訂製軟體——Tinkerine Suite，它具有方便使用者操作的介面，將許多技術性的細節藏在背後，並將Ultimaker的開放Cura引擎添加於其中。許多的測試人員都覺得這套軟體既直觀又好用，這套軟體沒有規定要用手動操控印表機，

但你可在LCD螢幕目錄中找到這個選項。

使用說明不夠詳盡

今年的印表機評比當中，平均改善最多的項目便是使用說明，但對Ditto Pro來說並不是這麼回事。這臺機具的主要使用說明設計得很好，但內容極短，包含快速使用指南與18頁的Tinkerine Suite軟體使用手冊。和其他公司動輒50到100頁的使用手冊相比，Ditto Pro在這方面所提供的資訊明顯不如別人。在Tinkerine網站上的問答集有包含列印黏著力等討論主題，但並未提供確實的操作指示，只提供了一些可能的補救措施。同樣地，問答集內有些解答只說到可能要調整步進馬達驅動器的電壓，但完全沒有提供執行步驟或方法。

控制方面的問題

在測試過程中，Ditto Pro的表現非常棒，也沒有任何故障或堵塞的狀況發生。然而，測試者卻不斷回報LCD控制面板旋鈕太過敏感，常常讓人難以選取到想要的選項。這個問題所造成的影響小至礙手礙腳，大至整個週末的作業進度癱瘓，它也是讓許多測試者感到喪氣的主要原因。

結論

Ditto Pro是一臺外形美觀，列印品質也毫不遜色的機器。它在評比中的表現絲毫不輸某些頂級印表機，而且價格還更親民。如果它的使用手冊能大幅改善，我們相信它的優良設計與容易操作的軟體，會讓這臺機器十分適合初學者。現在看來，Ditto Pro可能最適合那些在乎系統保養與進料的使用者們——手作玩家。

經過一連串的測試，我們發現這臺潔白的印表機相當令人喜愛。

列印評分

● 精確度	1	2	3	**4**	5
● 層高	1	2	3	**4**	5
橋接	1	**2**	3	4	5
● 懸空列印	1	2	3	4	**5**
● 細部特徵	1	2	3	**4**	5
表面取線	1	2	3	**4**	5
表面總評	1	2	**3**	4	5
● 公差	1	2	3	**4**	5
● XY平面共振	不合格		**合格**		
● Z軸共振	不合格		**合格**		

專業建議

請用藍色PVC膠膜覆蓋或膠水讓作品可確實黏在平臺上。

購買理由

軟體已經過簡化（但仍可更改設定），可做出品質良好的列印成品，表面處理優良且懸空列印穩定。Ditto Pro可讀取G碼，所以你可以自由選擇想要的切層軟體。

列印成品

約翰．亞貝拉
John Abella
是一位自造者，對於3D列印與CNC相當狂熱。他也在紐約Maker Faire的3D印表村擔任管理員，更是BotBuilder.net的首席指導老師，在《MAKE》的三期3D印表機使用指南中都有他所寫的專欄。

BEETHEFIRST
設計精良的家用級硬體，還有額外的驚喜。
文：克里斯·尤、安娜·卡西烏納·法蘭斯　譯：曾吉弘

BeeTheFirst | beeverycreative.com
- 測試時價格：2,172美元
- 最大成型尺寸：190×135×125mm
- 成型平臺類型：非加熱壓克力
- 溫度控制：無
- 材料：只適用BeeTheFirst PLA
- 離線列印：透過BeeConnect無線網路或無接點USB
- 機上控制：無
- 主機軟體：BeeSoft
- 切層軟體：Integrated CuraEngine
- 作業系統：Mac、Windows、Linux
- 開放軟體：BeeSoft GPL v.2.0、BeeTheFirst firmware GPL v.3.0
- 開放硬體：未開放

你正在尋找同時具備外觀、方便攜帶與聰明設計的真正家用級印表機嗎？BeeTheFirst將能滿足你的需求。來自葡萄牙的BeeVeryCreative公司提供你絕佳的開箱即用選項，讓任何人都可以輕鬆的進入桌上型3D列印世界。就算是新手也能快速設定完畢並開始列印，而且這臺可攜式的拋光機器無論放在書桌或咖啡桌上都很好看，即使經驗豐富的老手也能從它亮麗的外表下找到有趣的軟體功能，就像復活節彩蛋一樣。

美麗與智慧
在開箱時，我們都很清楚這是款新產品。但它不只有著新潮摩登的極簡設計，設計精巧的內建把手或磁吸式的可拆成型平臺——真正激起我們興趣的，是它偏向工業與使用者體驗的設計，充滿前瞻性。

Brian Kaldorf

奧卡姆剃刀原則

在這臺機器的根本設計上同時注重美學、人體工程學、使用者經驗與功能性，令人感到十分耳目一新。BeeTheFirst也與時下趨勢背道而馳：像是為了解決常見列印問題所添加的華麗噴頭感應器或自動校準等，它反而遵循奧卡姆剃刀原則：好的設計會以最簡單的方式解決問題，而不是硬塞入更多技術。

它巧妙結合磁力/動力的平臺上連接著容易操作的大型旋鈕，毫無疑問這便是我們所測試過的機器中最簡單的設計。這個厚重的壓克力成型平臺裝在堅固的金屬懸臂上，不同於許多其他桌上型機器輕薄的塑膠零件，這個平臺沒那麼容易彎曲變形。在測試過程中將它退出又回裝十幾次，我們發現都不需要重新校準。

清晰的初學者使用手冊

它的使用指南寫得很好，內容簡潔又非常詳盡。包含了簡單扼要的機器零件說明，也清楚列出新手對它的期望。在BeeVeryCreative網站上更有許多疑難排解的教學影片，包括如何拆解外殼（其實比想像中簡單）以及清理堵塞噴頭。

材料很重要

它的另一項有趣設計是迷你內部磁吸式捲軸，負責裝載主要（但不能有缺口）的線材。比如說使用Afinia時，BeeVeryCreative為了要減少擠出頭堵塞的狀況，於是選擇提高作業溫度到220°C。我們將相同材料放入橘色非原廠Ultimachine，結果它在印出一些模糊區塊後便完全堵塞了。BeeVeryCreative的PLA材料只有8種色彩選擇，但最近的軟體升級選項顯示不久之後將會有新選項出現。

軟體操作直覺，無須進階設定

談到列印，沒有人能做得比它更簡單

了。客製化的主機軟體BeeSoft有齊全的標準的放置、縮放和旋轉選項，但列印對話框巧妙地簡化了層高與填充率的選項，以求簡化使用者體驗。BeeSoft正在積極開發產品，並經常同時提供一般與Beta版本。在測試過程中，厚（0.3mm）與薄（0.1mm）等切層選項還可延伸至0.05mm，還有額外的填充率選項，除了可藉由USB列印之外，還能透過無線來列印呢。

0.1mm的測試列印品質約可排在所有機器的前三分之一，而這臺機器的層高也非常小，但在細部處理與公差的得分卻不怎麼樣。

復活節彩蛋！

死忠支持者才不會輕易喪氣！雖然它並沒有對外打廣告，私底下卻有不少軟體破解的方法流傳著。這便是一個有趣的現象：BeeSoft的介面源自ReplicatorG，切層軟體則出自CuraEngine；BeeSoft與BeeTheFirst的韌體都是完全開放且經過GPL授權的：連上github.com/beeverycreative網站，開始照著做一套吧！

他們也從OctoPrint分支出自己的軟體，也就是OctoPi另一版本BeeTF，可透過USB連接使用BeeTF的高速R2C2印表機控制器（ARM 32bits運轉速度為100MHz）。他們計劃推出自己的BeeConnect Raspberry Pi套件，之後也會推出組裝版本與手機應用程式。

結論

對初學者關懷有加，也有提供進階玩家滿是開放軟體的GitHub程式庫，BeeTheFirst絕不怠慢任何一位使用者。●

> 對初學者關懷有加，也有提供進階玩家滿是開放軟體的GitHub程式庫，BeeTheFirst絕不怠慢任何一位使用者。

列印評分

● 精確度	1	2	3	**4**	5
● 層高	1	2	3	4	**5**
● 橋接	1	2	3	**4**	5
● 懸空列印	1	2	3	**4**	5
● 細部特徵	1	**2**	3	4	5
● 表面取線	1	**2**	3	4	5
表面總評	1	2	3	**4**	5
● 公差	1	**2**	3	4	5
● XY平面共振	不合格		**合格**		
● Z軸共振	不合格		**合格**		

專業建議

● BeeConnect軟體正在持續更新，並且每次皆推出兩種版本，一個是產品版，一個是Beta版，可以下載Beta版來試玩最新的功能。

● BeeTheFirst可以列印Afinia的新型PLA（綠色的測試尤其成功）。

● 想要無線列印嗎？請拿一臺Raspberry Pi並查看「BeeConnect」的相關資訊：github.com/beeverycreative

購買理由

它是一臺操作簡便，迷人又方便攜帶的機器，具備精簡的客製化開放軟體。藉由硬體設計巧思（而非感測器）讓平臺校準變得易如反掌。

列印成品

克里斯．尤 Chris Yohe
白天是軟體開發工程師，晚上則是硬體狂熱玩家。他的興趣很廣泛，身為HackPittsburgh的成員之一，同時也是一位3D列印狂熱者，並和許多人一樣正在慢慢培養一支機具軍隊。從橄欖球、狂熱爵士樂演奏到3D列印，他總是不斷尋找讓世界變好，或變得更有趣的方法。

TYPE A 2014 系列 1
整合過的OctoPrint，但需要一點微調。

文：麥特·葛利芬　譯：曾吉弘

2014 SERIES 1 | typeamachines.com

- 測試時價格：2,749美元
- 最大成型尺寸：305×305×305mm
- 成型平臺類型：非加熱玻璃
- 溫度控制：有
- 材料：PLA
- 離線列印：須預先設置OctoPrint
- 機上控制：有限制
- 主機軟體：用於Type A機臺的Cura
- 切層軟體：Integrated CuraEngine
- 作業系統：Mac、Windows、Linux
- 開放軟體：Type A Cura：來源碼已釋出，授權未知
- 開放硬體：輔助設計檔案，授權未知

列印評分

項目	1	2	3	4	5
精確度					5
層高					5
橋接			3		
懸空列印		2			
細部特徵				4	
表面取線			3		
表面總評		2			
公差			3		

XY平面共振	不合格	合格
	不合格	

Z軸共振	不合格	合格
		合格

專業建議

在列印大型物件之前，建議你加上一組風扇護罩以提高冷卻效率或是加裝線材導引設備。

● Windows使用者請仔細閱讀安裝指南，不要跳過設定瀏覽器插件而直接使用Chrome，否則你在連接機器時會碰到問題。

購買理由

它有為即時網路連線列印而設計的OctoPrint硬體/軟體，完全落實每個細節。除了Cura你也可以直接以Meshmixer——Autodesk的模型修整與編輯軟體直接輸出給Type A列印。

列印成品

2014系列1這個版本是Type A機型中第一臺造型流暢且工具齊全，加上以粉末塗層鋁材和壓克力面板製成的印表機，也擁有所有測試機種裡最大的成型尺寸（整整1立方英呎！）。

輕鬆設定，極簡化控制

Type A機器在編寫使用手冊與開箱之後的使用者體驗上下足功夫，結果顯示——從設定到印出第一件作品，對2014系列1來說簡直易如反掌，也是我體型所評比過設定最簡單的一種機型。實體介面的組成非常精簡，包含一顆會發光的「暫停」按鈕與兩個手動校準平面的旋鈕（一個用來升高/降低平臺，另一個則是微調「Ｚ軸高度」—這設計真是高明！）

內建無線列印

整合於Type A中的OctoPrint成了我最愛的功能，可以讓我在另一個房間中操作其他印表機時，還能透過筆電來進行設定與監控，甚至是暫停這臺機器的運作。當我在設定瀏覽器與OctoPrint之間的無線通訊時，並沒有什麼問題，但有些測試者在這個過程中遭遇困難，因此便沮喪到放棄使用。如果你跳過太多使用指南的話，在過程中或許會遇到一些小問題。

看起來真快，但過程如何呢？

就如一位測試者所言：「這臺機器看起來應該要印得更好才對」，2014系列1將重點放在簡單的安裝與操作上，但我們在週末測試時發現它的列印品質並不如同價位的機器，其新潮的外殼設計也讓使用者得到應有的期待。

有時噴頭會出料不足，流出稀疏易碎的材料——這可能是線材滑脫、進料頭過熱或噴頭堵塞產生的前兆。此外，列印PLA所必需的噴頭風扇，安裝的位置和方向似乎都有問題。而且後來我們在研究列印作品時，還可以判斷作品哪一側是面對風扇而哪一側不是，這現象真的很奇怪。

結論

Type A在2014系列1中整合了精良且好用的機臺設計，並搭配改良後的軟體工具鏈。整體來說，列印過程簡單又一致，但對於希望得到的革新成果與「原廠調校」承諾時，它的表現卻不如預期。 ◐

麥特·葛利分 Matt Griffin 是Adafruit Industries公司的社群與技術支援總監，也是之前MakerBot的社群負責人，其與Maker Media合作的書籍《Design and Modeling for 3D Printing》也即將上市。你可以在Adafruit每周的「3D Hangouts」即時影片中看見他，而在Netflix的原創紀錄片〈Print the Legend〉裡也可以看到他早期的桌上型3D列印歷程。

AFINIA H480

文：喬許 · 阿吉瑪
譯：曾吉弘

極佳的即裝即用體驗，非常適合教學。

AFINIA H480 | Afinia.com

● 測試時價格：1,299美元
● 最大成型尺寸：
　140×140×135mm
● 成型平臺類型：加熱穿孔板
● 溫度控制：無
● 材料：Afinia PLA、ABS
● 離線列印：拔掉USB
● 機上控制：無
● 主機軟體：Afinia 3D
● 切層軟體：Afinia 3D
● 作業系統：Mac、Windows
● 開放軟體：未開放
● 開放硬體：未開放

可於 Maker Shed 購得 bit.ly/Alfina-H480

列印評分

	1	2	3	4	5
精確度				4	
層高			3		
橋接	1				
懸空列印			3		
細部特徵		2			
表面取線					5
表面總評				4	
公差				4	

	不合格	合格
XY平面共振		合格
Z軸共振		合格

專業建議

● 在預熱時可以先上傳模型與設定組態以節省時間。

● 使用BuildTak以減少列印作品的底部穿孔。

● 你無法完全取消列印支撐材，但是你可以將它的角度減到10°以去除大部分的支架，可在「列印設定」目錄中進行更動（3D列印目錄>設定）。

購買理由

極佳的表面處理與「不錯」的列印設定，可自動校準的成型平臺與噴頭高度感測等功能，有效地解決新手可能遭遇到的困難。它也很適合用於教學，因為其可靠的設計與容易上手的軟體，意味著你不需太多訓練或技術支援就能完成列印。製造商還提供一年的保固，以及一年延長保固選擇，並附有套件組。

列印成品

Afinia 在這次升級的 H 系列印表機仍維持一貫「容易操作」的特色。 這臺 H480 印表機也許和之前的款式看起來差不多，但它現在多了自動校準與噴頭高度感測等功能。

自動校準

對新手來說，校準成型平臺與設定噴頭高度是兩個最大的挑戰。Afinia H480 使用磁吸式感測器來進行平臺校準，附著在噴頭上的感測器會針對9個不同的點進行探測，而另一個感測器則負責控制正確的噴頭高度，即使是經驗豐富的使用者也會驚嘆這些自動校準設施所帶來的列印品質有多可靠。

設定簡單，列印表面品質高

Afinia 軟體操作簡單，只用一個簡潔的介面便可以提供所有切層與列印控制功能。軟體預設會建立底座與支撐材，結合加熱平臺就能產生出極佳的列印成果，即使內建的切層設定對於細部特徵或橋接的處理不太好，但它對於高品質表面處理的能力相當優異，在公差部分的表現也不賴。其他印表機或許有比較華麗的操作介面或較大的成型尺寸，但Afinia的表面處理和操作便利性讓它穩居排行榜前十名。

現在還可以印 PLA（專利）

相較於其他印表機，Afinia（還有它的大哥）因為缺乏手動調節溫度設定，以及用較高的溫度來列印ABS（260°），在這方面需要使用Afinia出產的高溫線材才能好好進行。Afinia也開始生產自家品牌的特製PLA，但（在記者會時表示）顏色選擇還不多，而且也不建議在這臺機器使用非Afinia/Up的線材來列印。

並非為玩家設計

讓H系列印表機獲得「Just Hit Print」人氣獎的功能，卻可能會澆熄硬體狂熱份子對它的熱愛。它的封閉式設計限制了調整與修改的空間，Afinia軟體僅能調整層高、溫度與填充率這幾個選項。

結論

總體來說，升級過後的Afinia H480的列印品質相當可靠，應該會吸引新興的3D列印使用者的目光。◢

喬許 · 阿吉瑪 Josh Ajima 是一位高中科技資源教師，也是K12自造者空間與3D列印的倡導者。他發明了自造者空間新手套件，並管理自造者空間中的STEM教育營，此外，也是一個3D列印社團的贊助人員。designmaketeach.com

Brian Kaldorf

FELIX 3.0

表面處理得不錯,但還是要調校一下。

文:麥特‧斯特爾茨、伊芙‧辛拿
譯:曾吉弘

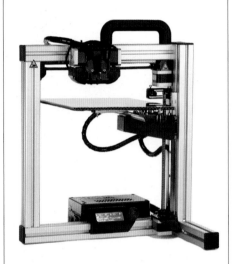

可於 Maker Shed 購得 bit.ly/Felix-3

去年Felix 2.0拿下了我們的「最佳新人」獎,而今年的機型是完全組裝好的Felix3.0(也可以買套件自己裝)。升級後多了澆灌零件與雙噴頭的選項,但仍然保持其攜帶便利的特色與極簡化的外觀,還有極佳的表面處理品質。

這臺機器送到你手上時,並不包含使用手冊,但它的網站提供插圖豐富的安裝指南與KISSlicer和SFACT的組態設定檔。它所用的迷你校準螺母不好買,但Felix的兩段式校準與線材管理系統讓我們相當滿意。

比較大的問題是,我們的列印成品會朝某一側移位/偏差。Felix的支援文件提到要把皮帶綁緊,但是論壇上卻有人說問題在於調整不當導致步進馬達驅動器過熱。在手邊沒有合適工具的狀況下,我們選擇主動式降溫。打開電路的外殼並在步進馬達驅動器上方加裝一支電風扇,才讓我們得以完成列印。

列印評分

精確度	1 2 3 4 5
層高	1 2 3 4 5
橋接	1 2 3 4 5
懸空列印	1 2 3 4 5
細部特徵	1 2 3 4 5
表面曲線	1 2 3 4 5
表面總評	1 2 3 4 5
公差	1 2 3 4 5
XY平面共振	不合格 合格
Z軸共振	不合格 合格

專家建議
要解決列印成品移位的問題,用絕緣螺絲起子與三用電表來調整步進馬達驅動器,或使用主動式降溫。

購買理由
攜帶便利、大型成型平臺與雙噴頭,還可以持續升級。Felix1.0可以一口氣升級成 Felix 3.0。

felix 3.0 | felixusaprinters.com
- 測試時價格:2,012美元(加上雙噴頭)
- 最大成型尺寸:255×205×235mm
- 成型平臺類型:加熱式
- 溫度控制:有
- 材料:PLA、ABS、Arnitel
- 離線列印:有
- 機上控制:SD卡
- 主軟體:Repetier-Host
- 切層軟體:SFACT/KISSlicer
- 作業系統:Mac、Windows、Linux
- 開放軟體:第三方軟體
- 開放硬體:未開放

DEEGREEN

安靜,且具備可靠的自動平臺校準。

文:艾瑞克‧朱 譯:曾吉弘

將全金屬骨架包在光滑鋁聚合物材質中,be3D的全封閉式DeeGreen是一臺具備觸碰螢幕且完全以消費者為主的印表機,更擁有完整的自動平臺校準功能(這是它最大的特色)。

它的每次列印皆由伺服機驅動,限位開關感測器會向下擺盪。感測器的尖端會碰觸玻璃成型平臺上的數個點,然後再移回去,當完成一次噴頭的預擠後便開始進行列印。

在測試過程中,自動校準功能的表現平穩,但是非加熱可拆式磁吸平臺需要在開始列印前先用膠水固定。所以在列印完成後,清除殘膠又是一件麻煩事。

雖然這臺機器使用高級材質製作,但我們的測試機具卻發生觸控螢幕陷進機器裡的狀況,而其中一個壓克力板也脫落了。其列印品質在我們的測試機型中也是敬陪末座,但它是極少數同時通過兩項機械性能測驗的5臺印表機之一。

列印評分

精確度	1 2 3 4 5
層高	1 2 3 4 5
橋接	1 2 3 4 5
懸空列印	1 2 3 4 5
細部特徵	1 2 3 4 5
表面曲線	1 2 3 4 5
表面總評	1 2 3 4 5
公差	1 2 3 4 5
XY平面共振	不合格 合格
Z軸共振	不合格 合格

專家建議
在每次列印之間記得清理列印平臺並重新上膠,清理時請使用刮刀。

購買理由
自動平臺校準,安靜且封閉的列印空間與自動中止安全功能。

DeeGreen | be3d.cz
- 測試時價格:2,025美元
- 最大成型尺寸:150×150×150mm
- 成型平臺類型:非加熱玻璃
- 溫度控制:無
- 材料:PLA、PVA
- 無線列印:SD卡,拔除USB
- 機上控制:有
- 主機軟體:DeeControl
- 切層軟體:DeeControl integrated CuraEngine
- 作業系統:Mac、Windows
- 開放軟體:未開放
- 開放硬體:未開放

Brian Kaldorf

ZORTRAX M200

獨特外型與許多額外功能。 文：尼克·帕克斯 譯：曾吉弘

ZORTRAX M200 | zortrax.com

- 測試時價格：1,990美元
- 最大成型尺寸：
  200×200×185mm
- 成型平臺類型：加熱穿孔板
- 溫度控制：無
- 材料：ABS
- 離線列印：SD卡
- 機上控制：有
- 主機軟體：Z-Suite
- 切層軟體：Z-Suite
- 作業系統：Mac、Windows
- 開放軟體：無
- 開放硬體：無

列印評分

● 精確度	1 2 3 4 5
● 層高	1 2 3 4 5
● 橋接	1 2 3 4 5
● 懸空列印	1 2 3 4 5
● 細部特徵	1 2 3 4 5
● 表面取線	1 2 3 4 5
● 表面總評	1 2 3 4 5
● 公差	1 2 3 4 5
● XY平面共振	不合格　合格
● Z軸共振	不合格　合格

專業建議

● Zortrax用戶購買線材有優惠，每捆1kg的標準線材捲軸只要**19.99**美元。

購買理由

自動校準與操作簡便的軟體，很適合要求品質、穩定性與操作便利的場合。若你需要 ABS 材質的耐用度又不想面對惱人的彎曲問題，它也會是個好選擇。

Zortrax M200綜合了高列印品質與大列印體積的優點，內建螢幕與SD卡讀取卡機以便離線列印，而且幾乎不需要維修保養。這臺機器附加許多實用的功能，例如一個完整的加熱端，兩個噴頭備品，和保養機器用的完整工具組。

全鋁製外殼與獨特的 8 桿支架

這臺機器的列印品質絕對能讓你驚嘆，M200採全鋁製成，所以機身同時具備堅固與輕量化的優點。它也配置了獨一無二的支架，有4條X軸桿與4條Y軸桿，更加強了機器的穩固性。

Zortrax沒有自動校準功能，而是在平臺上安裝了5個導體方塊，M200會利用它們來校準平臺與噴頭高度，並提示使用者旋緊或鬆開校準旋鈕。有了這些功能，再加上穿孔板，你的作品在列印過程中就能穩固地附著在基座上。

無溫度控制，只能印 ABS

Zortrax 軟體無法控制溫度，而且只能列印ABS材料。我總覺得ABS有怪味，容易亂翹又難處理，但是M200利用穿孔板平臺與底座來固定作品，成功防止彎曲變形的狀況發生。

Zortrax可以使用兩種線材：Z-ABS與Z-ULTRAT，都是針對M200所設計的材質。Z-ABS是標準的ABS線材，品質良好而且只要美金20元；Z-ULTRAT的硬度較高且變形程度低，但是要50美元。當我們以Ultimachine ABS進行測試列印時，最後成品相當漂亮，但是在使用該機器專屬線材時，我也發現支撐材變得沒那麼容易清除。

結論

我會將M200推薦給任何需要印製大型、精細且堅固作品的人，它還不會浪費你大把時間來調整設定，更不會傷荷包。 ◐

列印成品

尼克·帕克斯 Nick Parks
是Make實驗室的實習工程師，並在聖羅莎專科學校研讀機械工程。他喜歡組裝與拆解器具，研究如何改進產品或是發明新東西。他很享受他在《MAKE》的工作，也喜歡幫助他人完成專題。

DA VINCI

文：邁克爾‧柯里
譯：屠建明

連中國也無法生產如此便宜的3D印表機。

Brian Kaldorf

DA VINCI | xyzprinting.com
- 測試時價格：499美元
- 最大成型尺寸：200×200×200mm
- 成型平臺類型：加熱玻璃
- 溫度控制：無
- 材料：XYZprinting ABS線材匣
- 離線列印：無
- 機上控制：有限
- 主機軟體：XYZWare
- 切層軟體：XYZWare
- 作業系統：Mac、Windows
- 開放軟體：未開放
- 開放硬體：未開放

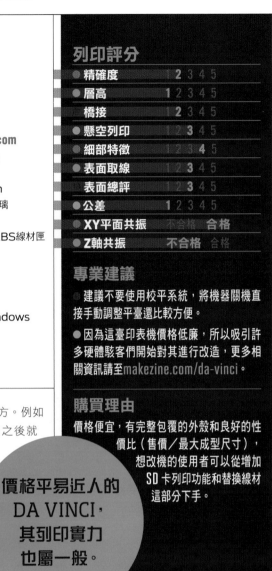

列印評分

精確度	1	**2**	3	4	5
層高	**1**	2	3	4	5
橋接	1	**2**	3	4	5
懸空列印	1	2	**3**	4	5
細部特徵	1	2	3	**4**	5
表面取線	1	2	**3**	4	5
表面總評	1	**2**	3	4	5
公差	**1**	2	3	4	5
XY平面共振		不合格	**合格**		
Z軸共振		**不合格**	合格		

專業建議
- 建議不要使用校平系統，將機器關機直接手動調整平臺還比較方便。
- 因為這臺印表機價格低廉，所以吸引許多硬體駭客們開始對其進行改造，更多相關資訊請至makezine.com/da-vinci。

購買理由
價格便宜，有完整包覆的外殼和良好的性價比（售價／最大成型尺寸），想改機的使用者可以從增加SD卡列印功能和替換線材這部分下手。

售價499美元，由三緯國際（XYZ Printing）所生產的da Vinci 1.0是目前亞馬遜網站上最暢銷的3D印表機。此印表機有一個很重要的特點——製造地為泰國，因為我確信連中國都無法做出如此便宜的3D印表機。

從規格表來看，da Vinci擁有其他公司旗艦機種才會有的功能，像是包覆式列印區、加熱玻璃平臺、LCD螢幕、水平校正輔助、一體式噴嘴清潔裝置與正面控制面板（但只有更換線材和成型平臺校正的功能，無法進行離線列印）。da Vinci給人一種商業機型的感覺（無外露的電線），用透明的塑膠殼來包覆成型平臺。我們測試的是單噴頭版本，而最近已經推出了雙噴頭的機型。

專用微晶片塑料線材匣
測試用印表機送到我們手上時外箱感覺有些破損，不過內裝及內容物全都完好無缺。箱內附有快速入門手冊、基本工具組與專用微晶片ABS線材匣（一個600g的線材匣售價28美元，顏色選擇有限）。設定很簡單，裝填線材的步驟則印在機器上蓋內側。

2015 年的機種，2010 年的品質
三緯國際所提供的軟體適合3D列印新手使用，不過還是有些不順的地方。例如操作流程不彈性；模型一旦切層之後就無法再調整，需要重新再載入一次才行。該軟體最明顯的缺點便是它的切層功能，用起來就像原型架構，幾乎沒有考量到幾何條件和輸入設定，只是將列印線材分層堆疊罷了，而且像是層高和填充率這類的基本設定，就算調整過了似乎對列印結果也毫無影響。

其列印品質和你用2010年套件組裝完成的機器差不多，在我們各項測試中的得分都偏低。不成熟的切層引擎和低品質的支架系統使其列印成品無法擁有精緻的細節和準確的維度。

結論
就整體外觀和列印實力而言，可將它定位成平價的消費性商品。對3D列印來說，它就像是墨水匣耗材一樣廉價。其便宜的價格和（整體而言）使用便利性，對業餘愛好者和年輕學生來說會是個合適的選擇。

> 價格平易近人的DA VINCI，其列印實力也屬一般。

列印成品

邁克爾‧柯里
Michael Curry
是一位來自堪薩斯市的獨立設計師和研究者。
skimbal.com

AIRWOLF HD, HDX AND HD2X

大型的成品，更高的價格。

文：米歇爾・辛那
譯：屠建明

AIRWOLF | airwolf3d.com

- **測試時價格**：HD2x：3,995美元；HDx：3,495美元；HD：2,995美元
- **最大成型尺寸**：HD/HDx：300×200×300mm、HD2x、280×200×300mm
- **成型平臺類型**：加熱玻璃
- **溫度控制**：有
- **材料**：PLA、ABS、尼龍、聚碳酸酯、PVA等
- **離線列印**：支援MicroSD卡
- **機上控制**：有
- **主機軟體**：MatterControl/Cura/Repetier-Host
- **切層軟體**：CuraEngine/Slic3r
- **作業系統**：Mac、Windows、Linux
- **開放軟體**：第三方軟體
- **開放硬體**：未開放

最近**Airwolf 3D推出的3D列印產品又增添了幾位新成員**——AW3D HD、HDx與HD2x，這些新產品的目標客群很明顯，就是那些口袋夠深又想要印大型成品且能使用多種材料的買家。

高溫噴頭

因為有了JRx這款由Airwolf 3D新推出的專屬0.5mm加熱噴嘴，HDx和HD2x的列印溫度不僅可達320℃，同時也可使用多種線材，包含PLA、ABS、尼龍、HIPS，以及聚碳酸酯（HD機型的最高列印溫度只有260℃，所以原廠不建議使用尼龍和聚碳酸酯）。另外，最高成型尺寸可達18,000立方公分（只有Type A和TAZ比它更大）。然而，這些印表機也不便宜，此次測試的所有熱熔解積層法（FFF）機種中，Airwolf系列印表機的價格算是最高的。

這臺印表機的尺寸為610×445×460mm，你要做的第一件事就是替這龐然大物找一個專屬空間，以及堅固的桌子或工作檯。Airwolf採用6mm厚的透明壓克力當作外殼，雖讓印表機變得更堅固，但重量也高達40磅，使得可攜性幾乎等於零。廠商有提供清楚圖解的說明資料，使得機器設定變得很容易。初始校正指南可讓你輕鬆校正成型平臺，但填裝與卸載線材則較為麻煩。

結構堅固，但有些重大缺點

相較於其他印表機，HDx整體列印品質屬中下（HD和HD2x則近乎墊底），而且在懸空列印、連接或表面處理上的表現也不甚理想。但在機械測試（XY平面與Z軸的共振）及層高方面都很優異，證明它有著良好且堅固的結構。此外，手指頭較粗的使用者，在操作VIKI面板轉輪和microSD卡插槽會感到困擾。另外，HDx也整合許多3D列印製成的零件，像是壓克力面板的接合處、線材支架、加熱器頂端以及擠壓噴頭等。

結論

AW3D HD系列印表機還是有著許多優點，像是出眾的加熱玻璃成型平臺（PET塗層）、超大成型尺寸、高溫噴嘴與堅固的結構。然而，較低的列印品質又缺乏進階功能，如成型平臺自動校平、磁力固定玻璃平臺（該系列是用長尾夾固定）、內建攝影機與Wi-Fi連線功能，總讓人感覺開價過高。◐

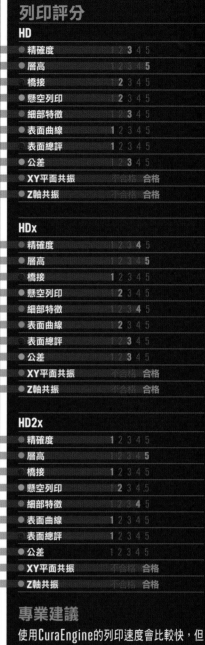

列印評分

HD

	1	2	3	4	5
精確度			●		
層高					●
橋接		●			
懸空列印		●			
細部特徵			●		
表面曲線	●				
表面總評	●				
公差		●			

	不合格	合格
XY平面共振		合格
Z軸共振		合格

HDx

	1	2	3	4	5
精確度				●	
層高					●
橋接	●				
懸空列印		●			
細部特徵				●	
表面曲線		●			
表面總評			●		
公差		●			

	不合格	合格
XY平面共振		合格
Z軸共振		合格

HD2x

	1	2	3	4	5
精確度	●				
層高					●
橋接	●				
懸空列印		●			
細部特徵				●	
表面曲線	●				
表面總評	●				
公差	●				

	不合格	合格
XY平面共振		合格
Z軸共振		合格

專業建議

使用CuraEngine的列印速度會比較快，但用MatterControl則可獲得較穩定的列印品質。

購買理由

結構堅固、成型尺寸大、噴嘴溫度高。

列印成品
HDx

Brian Kaldorf

第5代 REPLICATOR

說它「功能齊全」還算是小看它了。

文:約翰・亞貝拉　譯:屠建明

MakerBot Replicator

REPLICATOR | makerbot.com

- 測試時價格:2,899美元
- 最大成型尺寸: 252×199×150mm
- 成型平臺類型:無加熱塑膠
- 溫度控制:有
- 材料:MakerBot PLA
- 離線列印:USB隨身碟、Wi-Fi、網路應用程式
- 機上控制:有
- 主機軟體:MakerBot Desktop
- 切層軟體:MakerBot Slicer
- 作業系統:Mac、Windows與Linux
- 開放軟體:未開放
- 開放硬體:未開放

可於 [Maker Shed] 購得 bit.ly/Replicator-5th

列印評分

● 精確度	1 2 **3** 4 5
● 層高	1 2 3 **4** 5
● 橋接	1 2 3 **4** 5
● 懸空列印	1 2 3 4 **5**
● 細部特徵	1 **2** 3 4 5
● 表面取線	1 2 3 4 **5**
● 表面總評	1 2 **3** 4 5
● 公差	1 2 3 **4** 5
● **XY平面共振**	不合格　合格
● **Z軸共振**	不合格　**合格**

專業建議

◉ 你有一堆非MakerBot PLA在標準線軸上嗎?試著用餐桌轉盤來管理線材。

● 此印表機的軟體不會對超出系統列印規格的指令進行警告或預防。

購買理由

適合不願親手做太多調整,但想要一臺具有網路連線、整合應用程式與附加多種功能的機器,而且還願意持續付費的玩家。

從把MakerBot Replicator開箱的那一刻,就可以發現這臺機器上消費者導向的軟硬體匯集了可觀的工程資源。它有一個很大且明亮的彩色LCD介面,可用行動裝置或電腦應用程式控制的LAN/Wi-Fi列印功能,有內部列印監控系統,還有以磁力連接、附有感測器的智慧噴頭。而它的LCD介面是我們測試過的系統中功能最多的,在列印過程中,還可以拉動系統狀態捲軸,查看列印進度、設定使用的切層軟體、成品模型圖與拍照。

3DP 整合生態系統

MakerBot軟體操作容易,而且是我們測試過的套件中最完整的。除了讓使用者可以準備和列印檔案,它和Thingiverse以及MakerBot Digital Store整合的部分相當多。讓使用者在登入之後,只要在Thingiverse「按讚」的設計或是MakerBot Digital Store上購買的模型便會自動載入到軟體中,讓使用者(幾乎)可以一鍵列印。

表面處理有待改進

新一代的Replicator在列印品質上數一數二,尤其在懸空列印公差和層高方面。然而,它在我們的列印細節測試裡還算是後段,測試人員還說它的表面處理甚至不如Replicator 2。

高噪音

在開始使用新一代Replicator的前幾分鐘我們就發現它並不安靜,測試人員來觀看機器運作時,第一個反應都是覺得很吵,尤其Z軸移動的聲音更大。

組合產品

此印表機以內部加裝、尺寸特別的線材軸來限制你使用非原廠線材,而且使用非原廠線材將使6個月的全機保固失效。儘管如此,我們還是用了Ultimachine的線材,而且也能正常列印。雖然智能噴頭沒有發生問題,但它還是無法由使用者自行維修。如果噴頭在90天保固期後發生阻塞,就必須花175美元購買新品。

結論

在所有測試的機器中,第5代Replicator是最有資格被稱為網路家電的一款,可惜自造者們可以利用的內涵還不夠好。 ⬤

列印成品

約翰・亞貝拉
John Abella
是一位自造者,對於3D列印與CNC相當狂熱。他也在紐約Maker Faire的3D印表村擔任管理員,更是BotBuilder.net的首席指導老師,在《MAKE》的三期3D印表機使用指南中都有他所寫的專欄。

Brian Kaldorf

PRINT-RITE COLIDO

這臺「複製品」可霹靂奇幻嘉年華以執行G-code。

文：艾瑞克・朱　譯：屠建明

Print-Rite 出品的 CoLiDo 3D 印表機是 MakerBot Replicator 的複製品，但有個關鍵不同點：它執行的是 G-code 而非 .x3g 檔案，讓切層軟體可以替換。

Print-Rite 提供的 Slic3r 設定檔在懸空列印和公差測試上有很好的成績，它的 LCD 介面可在列印過程調整設定，適合用來進行實驗和微調。

它很適合由玩家進行改裝，有穩固的結構，層高很小，而且雖然是單噴頭的設計，但它有雙噴頭的馬達座。鋁製加熱成型平臺用四個蝶形螺帽來校準，並用長尾夾固定玻璃板。

噴頭採用金屬製成，以裝載彈簧的軸承對線材加壓，使其接觸驅動齒輪。用隨附的線材列印成品的效果很好，但改用 Ultimachine 的 PLA 列印時則會遇到阻塞問題，此外，機器並沒有主動冷卻的風扇。

列印評分

項目	1	2	3	4	5
精確度					
層高					
橋接					
懸空列印					
細部特徵					
表面曲線					
表面總評					
公差					

	不合格	合格
XY平面共振		✓
Z軸共振	✓	

專家建議
校準指令碼無法正常運作，需要手動校準成型平臺。

購買理由
它不只低成本、易改裝還可執行 G-code，並採用玻璃成型平臺的 Replicator 複製品。

PRINT-RITE COLIDO | www.union-tec.com
- 測試時價格：799美元
- 最大成型尺寸：225×145×150mm
- 成型平臺類型：鋁製加熱板、玻璃板
- 溫度控制：有
- 材料：PLA、ABS
- 離線列印：支援SD卡，與OctoPrint相容
- 機上控制：有
- 主機軟體：Repetier主機
- 切層軟體：Slic3r
- 作業系統：Mac、Windows、Linux
- 開放軟體：第三方軟體
- 開放硬體：未開放

POWERSPEC 3D PRO

不到1,000美元的雙噴頭印表機。

文：艾瑞克・朱　譯：屠建明

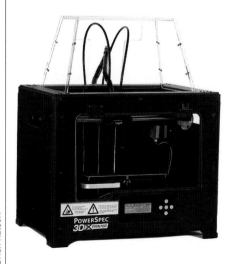

Micro Center 的 PowerSpec 3D Pro 基本上就是 MakerBot 初代的 Replicator（2012年初期推出，現已淘汰），但它在設計和材料部分都有所升級，而且只要一半的價格。

它的黑色金屬底盤是模仿 Replicator 2X 的風格，但改用硬質的合板，機身兩側有把手槽，噴頭與 Replicator 2 所用的相同。用來機上控制的方向鍵也有所升級，讓下壓時的觸覺回饋更明顯。這些可能不是重要的小細節，但讓印表機使用起來更有質感，也更容易搬運。

內附的說明將會引導使用者設定過時的 Replicator G（在 MakerWare 發表前用於 MakerBots；其 Skeinforge 切層軟體運作起來奇慢無比）。仿 2X 風格的前蓋無法完全闔上，會在下方保有約一個按鈕寬的空隙。另外，它沒有真空成型的上蓋，取而代之之是由使用者自行組裝，看起來有些脆弱的壓克力板。

列印評分

項目	1	2	3	4	5
精確度					
層高					
橋接					
懸空列印					
細部特徵					
表面曲線					
表面總評					
公差					

	不合格	合格
XY平面共振	✓	
Z軸共振	✓	

專家建議
使用 PLA 線材時建議把成形平臺加熱到 65℃，列印速度請放慢，並以 MakerBot Desktop 來取代 ReplicatorG，可以試著看看 Sailfish 韌體。

購買理由
這一臺雙噴頭印表機採用廣受歡迎的設計，最適合列印 ABS。

PowerSpec 3D Pro | microcenter.com
- 測試時價格：999.99美元
- 最大成型尺寸：226×144×149mm
- 成形平臺類型：加熱
- 溫度控制：有
- 材料：PLA、ABS、PVA
- 離線列印：支援SD卡
- 機上控制：有
- 主機軟體：ReplicatorG（亦可用MakerBot Desktop）
- 切層軟體：Skeinforge（MakerBot Slicer possible）
- 作業系統：Mac、Windows、Linux
- 開放軟體：第三方軟體
- 開放硬體：未開放

Brian Kaldorf

IDEA BUILDER

Dremel結合了簡潔和低成本。

文：湯姆．波頓伍德　譯：屠建明

IDEA BUILDER | dremel3d.com

- 測試時價格：999美元
- 最大成型尺寸：230×150×140mm
- 成型平臺類型：無加熱壓克力，附 BuildTak表面
- 溫度控制：無
- 材料：Dremel PLA
- 離線列印：支援SD卡
- 機上控制：有
- 主機軟體：Dremel 3D
- 切層軟體：Dremel 3D
- 作業系統：Mac、Windows、Linux
- 開放軟體：未開放
- 開放硬體：未開放

DREMEL

Clint Blowers

從外包裝和999美元的價格來看，Dremel的Idea Builder很明顯是針對大眾市場所設計的產品。他們的設計團隊在開箱體驗上特別用心，內含一份全彩又淺顯易懂的快速使用指南、兩塊印有Dremel標誌的BuildTak成型平臺與一份使用手冊。而Dremel這種大廠的一貫風格，便是有著內容完整的使用手冊，並貼心地附上專有詞彙表來協助剛接觸3D列印的自造者們。

長期以來，Dremel和世界各地的廠商合作，生產工具和產品，所以不意外地，Idea Builder則是和生產「Creator」Replicator複製品的中國廠商FlashForge合作開發的。這臺機器是基於FlashForge的Dreamer印表機，以ARM Contex-M4 CPU處理器來取代原先FlashForge Mightyboards所使用的ATmega晶片。

注重細節

剛進軍3DP的Dremel很注重細節，因此Idea Builder有著全彩觸控螢幕，可輕鬆用來校準成型平臺、線材進料和選擇檔案。這臺單噴頭印表機的質感穩重，但重量輕，它那光滑的塑膠外型搭上金屬質感的邊框，還有可拆卸的藍色上蓋，其兩側更有可拆裝的通風板，正面則有使用樞紐固定且以磁鐵吸附的透明塑膠蓋。非制式

的內部線軸減少了機器的覆蓋面積，而大型的三點式成型平臺校準旋鈕也很容易操作。

軟體優良、設定選項有限

Dremel所用的軟體介面類似MakerBot Desktop和Cura，它可以呈現成品的3D模型，使用者可以對其進行移動、旋轉與縮放的操作，並標示出模型需要支撐的部位，還能預覽列印結果。它的快速切層軟體提供高（0.1mm）、中（0.2mm）、低（0.3mm）解析度的預設值，但明顯缺少的選項包含變更列印溫度、填充率、新增棧板（無支撐材）與使用自訂G-code設定檔。由於它沒有加熱成型平臺，所以只能使用PLA。

結論

Idea Builder吸引人的價位和功能適合多種不同的使用者，雖然軟體設定和材料選擇都有限，但Dremel推出以使用者為優先的順暢體驗，並透過電話、Skype和電子郵件提供客戶免費的「Dremel專員」支援服務。◗

列印評分

精確度	1	2	3	4	5	
層高	1	2	3	4	5	
橋接	1	2	3	4	5	
懸空列印	1	2	3	4	5	
細部特徵	1	2	3	4	5	
表面取線	1	2	3	4	5	
表面總評	1	2	3	4	5	
公差	1	2	3	4	5	
XY平面共振	不合格		合格			
Z軸共振	不合格		合格			

專業建議

Dremel建議使用他們的PLA，雖然沒有使用內嵌晶片，但還是建議你這麼做。線材捲軸不是標準的尺寸，所以可以自己找個轉盤，從側面通風孔做為線材進料孔。

購買理由

吸引人的價格，適合認為簡潔和使用方便比自訂設定和材料選擇來得重要的玩家。

剛進軍
3DP
的DREMEL很
重視細節。

列印成品

湯姆・波頓伍德
Tom Burtonwood
同時身兼藝術家、教育工作者和企業家於一身，目前住在芝加哥。他是Mimesis有限公司的共同創辦人，專攻3D掃描和數位製造，此外他也在芝加哥藝術學院擔任教職。tomburtonwood.com

Dremel印表機的重要性

隨著家用3D列印市場的快速成長，已經創造出數百萬美元的產值，預估很快就會變成數十億美元。在MakerBot用原子筆和Dremel工具製作出原型噴頭的短短六年後，旋轉工具廠Dremel和其他有規模的工具廠也正式踏入這個領域，隨之而來的是數十年的純熟產品開發技術和客戶支援系統經驗。Dremel長年注重的使用性，同時搭配位於威斯康辛州24小時全年無休的客服中心，對消費者來說有著強大的吸引力，尤其是剛接觸3D列印的客群。

這些廠商也會帶來銷售實力，在過去一年裡，我們看到Staples和RadioShack等零售商嘗試販售3D印表機，但Dremel挾著在家得寶（Home Depot）旗開得勝的氣勢，再進入其他販售產品的通路，將其產品化為市場上曝光率最高的3D印表機。

主要的競爭將會推動各列印領域的發展，而開放原始碼的RepRap將會考驗這些廠商的經營策略。我們認為這項技術會從玩具變成工具，而這個趨勢最終將有利於整個3D列印領域，尤其是使用者。

—麥克・西尼斯（Mike Senese）

DELTAMAKER

文：安娜・卡西烏納・法蘭斯
譯：屠建明

用這臺簡約的Deltabot來簡化你的工作流程。

Brian Kaldorf

DeltaMaker | DeltaMaker.com

- 測試時價格：2,399美元
- 最大成型尺寸：Z軸260mm，寬240mm的六角形平臺
- 成型平臺類型：無加熱壓克力
- 溫度控制：有
- 材料：PLA
- 離線列印：預先設定之OctoPrint
- 機上控制：無
- 主機軟體：OctoPrint
- 切層軟體：CuraEngine
- 作業系統：Mac、Windows、Linux
- 開放軟體：第三方軟體
- 開放硬體：未開放

列印評分

● 精確度	1 2 3 4 **5**	
● 層高	1 2 3 4 **5**	
橋接	1 2 3 4 **5**	
● 懸空列印	**1** 2 3 4 5	
● 細部特徵	**1** 2 3 4 5	
● 表面取線	1 2 3 **4** 5	
表面總評	1 2 3 **4** 5	
● 公差	1 2 3 4 **5**	
✕ XY平面共振	**不合格** 合格	
✕ Z軸共振	不合格 **合格**	

專業建議

● 雖然目前沒有加熱成型平臺的選項，它所使用的Azteeg X3控制器在未來還有升級的空間。

● Marlin韌體沒有限制切層軟體，因此可以選用KISSslicer或Slic3r，但目前就用Cura即可。針對較複雜的切層需求，建議改用電腦版，然後透過瀏覽器上傳G-code。

購買理由

這臺Delta機器人風格的印表機外觀和運作方式不同於一般的箱型笛卡兒印表機，有著較高的Z軸成型區，而且原廠就附有設定好的OctoPrint，以及可支援Wi-Fi的CuraEngine切層功能。

列印成品

有關DeltaMaker所有的使用體驗都非常簡約且順暢，這臺用OctoPrint無線操控的印表機在銀色邊框的底部巧妙地藏了一臺Raspberry Pi，送到你手上時整臺機器就已組裝完成，並內建CuraEngine切層軟體。雖然不是新版的OctoPrint，這已經是我見過第一臺使用OctoPrint的消費型印表機（Type A沒有內建切層軟體），令我想不透的是其他廠商竟然沒人採用。

前置工作簡單

你只需要把機器從箱中取出，放上可拆卸的磁吸式壓克力成型平臺，最後插上電源即可。閱讀設定指南，了解OctoPrint的登入資訊、自動校準、線材進料，你便可以從任何裝置中的瀏覽器來進行列印。

已妥善設定的內建切層軟體

內建的切層軟體的保守設定可確保列印的成功率，只要在上傳模型前將其擺放正確，即可順利列印。讓人耳目一新的是，不像其他廠商採用免費軟體工具，DeltaMaker預先將切層軟體進行妥善的設定。他們的做法讓列印層高幾乎看不出來，將重點完全放在OctoPrint上。如同所有先進的數位製造工具，能順暢運行的硬體，可讓使用者專注在軟體的參數調整上，不用費心處理機構問題。

說明資料不足、XY軸震動

DeltaMaker的簡約風格還是有幾個缺點，第一個和其他測試機器不同點在於完全沒有可用的線上資料，第二個則是連接到擠壓噴頭上的空心球狀接點兩端在列印時會稍微震動。雖然跟笛卡兒印表機比起來沒有特別大聲，但會在XY平面產生共振，所以它的XY共振測試才會不及格。

結論

雖然DeltaMaker在內凹和懸空列印的分數較低，但在精確度、連接、層高、公差和Z軸機械這些部分都得到高分。它還能製作出表面細緻且可動的機器人，因此便和Zortrax並列整體評分的第四名。

◢

安娜・卡西烏納・法蘭斯
Anna Kaziunas France
不只是《MAKE》的數位製造編輯和國際製造學院（Global Fab Academy）的學務長，同時也是《MakerBot初學者指南》（Getting Started with MakerBot）的共同作者與《Make：3D列印》（Make：3D Printing）的編輯，也主辦了過去兩年的3D Printer Shootout測試活動。kaziunas.com

SEEMECNC ORION
平價的Delta印表機拿到時幾乎已組裝完成，但仍需微調。 文：麥特・葛利分 譯：屠建明

SeeMeCNC Orion | seemecnc.com

- **測試時價格**：1,200美元
- **最大成型尺寸**：Z軸230mm，圓形平臺直徑150mm
- **成型平臺類型**：加熱玻璃
- **溫度控制**：有
- **材料**：PLA、ABS
- **離線列印**：支援SD卡，與OctoPrint相容
- **機上控制**：有
- **主機軟體**：Repetier-Host
- **切層軟體**：Slic3r
- **作業系統**：Mac、Windows、Linux
- **開放軟體**：第三方軟體
- **開放硬體**：輔助設計檔案，授權未知

可於 Maker Shed 購得 bit.ly/Orion-Delta

列印評分

	1	2	3	4	5
精確度	1	2	**3**	4	5
層高	1	2	**3**	4	5
橋接	1	**2**	3	4	5
懸空列印	1	2	3	**4**	5
細部特徵	1	**2**	3	4	5
表面取線	1	2	**3**	4	5
表面總評	1	**2**	3	4	5
公差	1	**2**	3	4	5

	不合格	合格
XY平面共振	不合格	**合格**
Z軸共振	不合格	**合格**

專業建議

● LCD介面上的取消選項無法快速達到效果，如需緊急暫停，請按主控旋鈕下方的按鈕。

● 下點功夫微調Z軸高度：旋轉每根支架上方凸出的螺絲頭。在進行列印復歸時，螺絲會接觸擋板；為它們進行微調（到誤差小於0.1mm）要花很多時間，而且對噴嘴在成型平臺上的路徑改變不是很容易評估。

購買理由

它是低成本的Delta，有方便的LCD介面，搭配有趣的新奇設計。

SeeMeCNC的第二款Delta印表機Orion包含組裝完成的框架，而且價位不高，提高自造者社群對它的考慮程度。

Orion 的前置作業

Orion送達時幾乎已經組裝好了，包含Cheapskate支架、Delta手臂、已連接塔柱的EZStruder bowden噴頭，對研究早期的Delta印表機套件的人而言真是鬆一口氣。線上使用手冊能清楚地引導使用者接上電子元件、LCD介面與電源。和其他近期DeltaBot不同點在於沒有自動校準功能，必須手動校準Z軸高度。列印最初幾層的正確高度需由機器頂端的Z軸擋板向下計算，所以要下點功夫進行微調，對之後大有幫助。

搖晃和偏心

Orion最方便的特點之一是Cheapskate支架。每個支架上的「偏心凸輪」可以旋緊或放鬆噴頭在軌道上的鬆緊度。在幾次品質異常低的列印後，我們發現其中一根支架鬆了。把它旋緊之後，我們重新列印所有的零件。

測試列印用的是廠商推薦的主機和切層軟體，但Slic3r在準備測試時發生很多問題，幾乎在所有項目的分數都很低，即使重新列印後也一樣。例外在高難度的懸空列印得到高分，並通過XY平面和Z軸的共振測試。

放慢速度並使用 Cura

在分析測試資料後，我們發現Orion提供的設定檔速度太快，是其他測試過機器的兩倍。有經驗的Orion使用者表示它們使用Cura和自己的設定來取代預設的Slic3r設定檔可得到比較好的效果。同為測試人員的麥特・斯特爾茨表示Orion是他首選的機器，並建議新手從一開始就使用Cura。

結論

雖然這臺印表機在測試過程表現不佳，但如果把速度調降並使用Cura，事先仔細微調Cheapskate支架的Z軸高度，這臺平價Delta印表機的效能應該能讓你非常滿意。 ●

列印成品

麥特・葛瑞芬 Matt Griffin 是Adafruit Industries公司的社群與技術支援總監，也是之前MakerBot的社群負責人，其與Maker Media合作的書籍《Design and Modeling for 3D Printing》 也即將上市。你可以在Adafruit每周的「3D Hangouts」即時影片中看見他，而在Netflix的原創紀錄片〈Print the Legend〉裡也可以看到他早期的桌上型3D列印歷程。

Brian Kaldorf

ULTIMAKER ORIGINAL+
同一組優質套件，新增玻璃加熱列印臺。
文：伊芙・辛拿、尼克・帕克斯　譯：屠建明

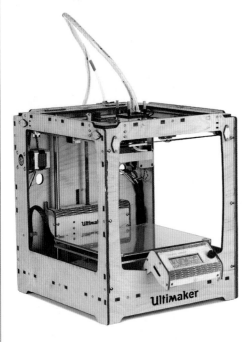

Ultimaker Original+ | ultimaker.com

- 測試時價格：1,600美元（套件）
- 最大成型尺寸：210×210×205mm
- 成型平臺類型：加熱玻璃
- 溫度控制：有
- 材料：PLA、ABS
  （歡迎使用其他材料）
- 離線列印：支援SD卡，
  和OctoPrint相容
- 機上控制：有
- 主機軟體：Cura
- 切層軟體：CuraEngine
- 作業系統：Mac、Windows、Linux
- 開放軟體：Cura/CuraEngine：
  AGPLv3
- 開放硬體：輔助檔案：
  CC BY-NC 3.0

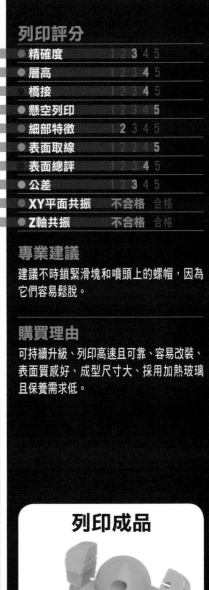

列印評分

精確度	1 2 **3** 4 5
層高	1 2 **3** 4 5
橋接	1 2 **3** 4 5
懸空列印	1 2 3 4 **5**
細部特徵	1 **2** 3 4 5
表面取線	1 2 3 4 **5**
表面總評	1 2 3 **4** 5
公差	1 2 **3** 4 5
XY平面共振	不合格　**合格**
Z軸共振	不合格　**合格**

專業建議
建議不時鎖緊滑塊和噴頭上的螺帽，因為它們容易鬆脫。

購買理由
可持續升級、列印高速且可靠、容易改裝、表面質感好、成型尺寸大、採用加熱玻璃且保養需求低。

---

　　3 年前才推出的Ultimaker Original 套件持續升級。Original+有一系列的改良，包含玻璃加熱平臺（已有升級套件）、改良過的Z軸、新的電子元件和附有SD卡的Ulticontroller機上控制介面。

不只這些…
　　另一項大家樂見的改良是改用三點式成型平臺校準系統，比先前的四點式系統要更好用。此外，噴頭也有改良。風扇管以金屬取代聚丙烯，而新的塑膠隔片和固定夾則用於熱端的組裝。我們測試的機器已組裝完成（也是原型，可能影響XY平面和Z軸與測試分數），但從我們自己組裝套件的經驗來看，它重新設計的噴頭將使組裝變更容易。

定期保養
　　這臺印表機隔夜列印的表現好又可靠，但隔天早上查看時我們注意到其中一顆螺帽有點鬆。從過去兩年使用其他Ultimaker Original機器的經驗告訴我們，每三到六個月要把所有螺帽旋緊。

來點 LED ？
　　這臺機器唯一的缺點則是缺少照明平臺，也是Ultimaker 2受歡迎的地方，但我覺得Ultimaker遲早會推出照明套件，或者在《MAKE》專題中介紹如何加裝照明的教學。

結論
　　這臺印表機把巨大的成型體積、高品質、可靠度和驚人的速度一網打盡，並且可持續升級、有良好的技術支援。它的外型可能不如Ultimaker 2，但划算的是它的價格只要一半。這臺集低保養需求、高效能且可改造於一身的印表機適合所有的自造者。⊘

列印成品

伊芙・辛拿 Yves Sinner
是居住於盧森堡的部落客、3D列印玩家、創新專家和新創公司的顧問，你可以到3Dprintingforbeginners.com上追蹤他和他的兄弟米歇爾。

尼克・帕克斯 Nick Parks
是Make：Labs的實習工程師，並在聖羅莎專科學校研讀機械工程。

Brian Kaldorf

BUKOBOT 8 V2 DUO

可改造的設計，並可列印多種材料，加上良好的技術支援。

文：湯姆・波頓伍德
譯：屠建明

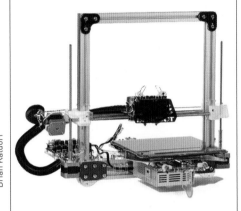

Brian Kaldorf

Bukobot v2 Duo套件（送達時已組裝完成）和我們去年測試的單噴頭版本差異不大，只是加裝第二顆Spitfire噴頭。搭配具有RepRap風格設計（提供STL/DXF檔）讓它看起來不像初學者的機器，這也是件好事。

就效能來看，Bukobot 8 v2 Duo在測試時的表現並不如預期。起初，我照說明書的建議使用Cura，但Deezmaker網站的設定檔一直讓它當機。我手動調整Cura的設定也沒有太大成效，所以我改用Bukobot網站下載的舊版Slic3r，其列印效果很好，且在精確度、層高和橋接這幾個部分都有不錯的成績。

這臺機器在兩天的密集測試後排名大約居中，但從它的背景和製造品質來看，其表現應該還可以更好。

列印評分

精確度	1	2	3	**4**	5
層高	1	2	3	**4**	5
橋接	1	2	3	4	**5**
懸空列印	1	2	3	4	5
細部特徵	1	2	3	4	5
表面曲線	1	2	3	4	5
表面總評	1	2	3	4	5
公差	1	2	3	4	5

XY平面共振	不合格	合格
Z軸共振	不合格	合格

專家建議
Slic3r搭配Repetier主機的效能比Cura來得好，當你需要設定機器時，可以參考線上論壇和技術支援。

購買理由
可改造的設計，並可列印多種材料，加上良好的技術支援。

Bukobot 8 v2 Duo | bukobot.com

- 測試時價格：1,499美元（套件）
- 最大成型尺寸：200×200×200mm
- 成型平臺類型：加熱
- 溫度控制：有
- 材料：ABS、PLA、Nylon、聚碳酸酯、PVA、HIPS、TPE
- 離線列印：支援SD卡；與OctoPrint相容
- 機上控制：無
- 主機軟體：Cura
- 切層軟體：CuraEngine
- 作業系統：Mac、Linux、Windows
- 開放軟體：第三方軟體
- 開放硬體：輔助設計檔案：CC BY-NC-SA 3.0

BUKITO V2

軟硬體皆可調整，讓熱愛改造玩家用起來更順手。

文：凱西・荷特葛蘭
譯：屠建明

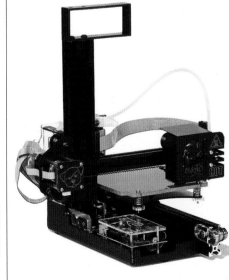

Brian Kaldorf

Bukito不只是臺有趣又小巧的印表機，堅固且輕量的結構可以讓它倒著列印PLA和尼龍！方便攜帶的大小讓它很適合用於展示和工作坊中，我們很喜歡它的大型平臺校平旋鈕、獨特的同步正時皮帶與耐用的鋁擠型結構。全金屬製的加熱頭，讓你可進行高溫列印，而在購買時也會附贈一組可列印尼龍的酚醛樹脂平臺。

在我們的測試中，在列印PLA時表現普通。其精確度和層高的高分代表這臺機器經歷過高階的生產和調校流程，但平均表現卻被懸空列印和橋接拉低。建議選購的冷卻風扇（我們的測試機並沒有裝）將可以大幅提升Bukito的整體表現。

對剛入門的消費者而言，在進行軟體設定和切層時可能會感到比較困難，但對有經驗的使用者來說，找尋線上說明書並不是什麼問題，而且該公司的首席工程師更親自回答很多我們匿名提出的支援問題。

列印評分

精確度	1	2	3	**4**	5
層高	1	2	3	**4**	5
橋接	1	2	3	4	5
懸空列印	1	2	3	4	5
細部特徵	1	2	3	4	5
表面曲線	1	2	3	4	5
表面總評	1	2	3	4	5
公差	1	2	3	4	5

XY平面共振	不合格	合格
Z軸共振e	不合格	合格

專家建議
若想要有液晶顯示器的話，可以用Marlin的自動啟動功能，讓印表機在開機後直接列印。

購買理由
可隨身攜，而且不需調整就可列印尼龍，適合設計與改造。

Bukito v2 | deezmaker.com

- 測試時價格：899美元（套件）
- 最大成型尺寸：140×150×125mm
- 成型平臺類型：未加熱的酚醛樹脂板
- 溫度控制：有
- 材料：PLA和Nylon 618
- 離線列印：支援MicroSD card，與OctoPrint相容
- 機上控制：有
- 主機軟體：Repetier主機
- 切層軟體：Slic3r
- 作業系統：Mac、Linux與Windows
- 開放軟體：第三方軟體
- 開放硬體：CC BY-NC-SA設計檔案「即將推出」

FORM 1+

快速列印高細緻度的雕塑成品。

文：路易斯・羅德里奎茲　譯：屠建明

Form 1+ | formlabs.com

- 測試時價格：3,299美元
- 最大成型尺寸：125×125×165mm
- Z軸解析度：25/50/100微米
　（0.025/0.05/0.10mm）
- XY平面解析度：300微米
　（0.30mm）
- 材料：透明、白色、灰色和黑色精密UV
　固化樹脂
- 離線列印：外接USB
- 軟體：PreForm
- 作業系統：Mac、Windows
- 開放軟體：未開放
- 開放硬體：未開放

Brian Kaldorf

升級後的 Form 1+ 擁有平滑的外觀和完美的設計，沒有任何部分讓人感覺脆弱或低品質。列印過程既安靜又平凡，但列印成品可不簡單。Form 1+ 採用光固化成型（SLA），利用雷射來固化樹脂中的模型切層，隨著成型平臺升起，固化的模型也從液體中出現。

更快更精確

Form 1+ 擁有 4 倍強的新雷射，可讓列印時間減半，還有重新設計的電流計控制系統，提高了列印速度和精確度，以及改良後的脫模機構。它可印出 0.1、0.05 和 0.025mm 的層高和最小 0.3mm 的模型尺寸，雖然其仍比不上 B9 或 ProJet 宣稱的解析度，但在成型區的大小則勝過這兩種機型。

多色材料儲存與替換

它的射出成型樹脂槽換成可擋光的橘色壓克力，與其搭配的蓋子可確保未使用的樹脂能安全存放，這讓使用者可以在每次列印更換不同顏色的樹脂。

廣泛的說明資料

隨附的快速使用指南可讓使用者從開箱到開始列印花費不到 30 分鐘，還包含指導如何設置修飾工作站。另外，Formlabs 也有內容豐富的支援網站（formlabs.com/en/support）。

Preform 軟體

Form 1+ 擅長印製雕塑品，並以設計師為目標客群。SLA 機器必須列印支撐結構，才能進行懸空列印（可於列印完成後移除）。Formlab 不斷更新的 Preform 軟體以提供更多自動生成和自訂支撐材的編輯功能（而且非常好用），還有放置與移除（此功能在我們測試之後才新增），可以進階控制位置和密度，讓設計師可徹底掌握列印的表面。

部分列印失敗，無可澆鑄性樹脂

我們有遇到幾次無法解釋的失敗經驗，像是偶爾會發生的樹脂層未剝離，導致接下來每層都無法固化，需要把槽裡的結塊樹脂撈出來。此外，Form 1+ 也不可選擇可澆鑄式樹脂，對部分使用者而言可能會是缺點（參考 B9 Creator 和 ProJet）。

結論

改良後的 Form 1+ 讓原本就很高階的使用者體驗（我們把上一代稱為「現代奇觀」）更進一步，雖然這臺機器的價格比多數桌上型印表機高，但它的輸出和成型體積是無可比擬的。對想要得到超乎想像的列印細節，並可選擇多種顏色樹脂，又不需要可澆鑄式樹脂的使用者而言，選它就對了。〇

> 改良後的 Form 1+ 讓原本就很高階的使用者體驗（我們把上一代稱為「現代奇觀」）更進一步。

列印成品

路易斯・羅德里奎茲
Luis Rodriguez
是 Maker Faire Kansas City 的主辦人，2009 年時獲得他的第一臺 MakerBot Cupcake，之後便踏入 3D 列印領域中。他目前在 Science City 服務，管理 Maker Studio 和 Spark!Lab。unionstation.org/sciencecity

以 UV 樹脂列印

為 UV 樹脂設計的印表機有著不同於熱塑成型印表機的工作流程，後者唯一的危險在於加熱成型平臺和擠壓噴頭，而 UV 樹脂則是化學物質。液態時，它是刺激性物質，必須遠離皮膚、眼睛和鼻子。蓋子打開便可以聞到它的特殊氣味，但印表機在運作且蓋著蓋子時則不會聞到。請妥善使用手套和紙巾來維持環境清潔，而且不要在有粉塵或骯髒的場所進行操作，因為樹脂不能被任何粒子汙染。小心地讓多餘樹脂從成品流下，避免滴出可以維持工作區的整潔。在測試過程中，為了維持安全的測試環境，我們用了大量的手套和紙巾。

PROJET 1200

文：安德森・塔
譯：屠建明

一臺專為珠寶製作和牙醫設計的小巧樹脂印表機。

ProJet 1200 | cubify.com/en/ProJet

● 測試時價格：4,900美元
● 最大成型尺寸：43×27×150mm
● Z軸解析度：30微米（0.03mm）
● XY平面解析度：56微米（0.056mm）
● 投影機解析度：LED DLP，有效值585dpi
● 材料：VisiJet FTX Green UV 可固化可澆鑄性樹脂
● 離線列印：USB、Wi-Fi連線
● 軟體：Geomagic Print
● 作業系統：限Windows
● 開放軟體：未開放
● 開放硬體：未開放

　　終於，列印大廠3D Systems以ProJet 1200進軍桌上型SLA市場。流線型的外表，尺寸與小型麵包機相等，但內含相當可觀的技術。

簡單、自足與網路連線的 DLP

　　這個DLP系統在底部有用來硬化樹脂的微型投影機，以及內建的二次硬化工作站，但奇怪的是，它無法容納與成型區等高的物件。機上控制只有單純的兩行LCD顯示器和一個綠色發光按鈕。可以透過USB來傳輸檔案，但用Wi-Fi連線會更順暢。

適合進階自造者的小機器

　　它那43×27×100mm成型區並不大，但它的設計使其必須如此。和B9和Form 1+不同，它沒有分層機制來幫助每層之間的列印釋出，讓印製成功的範圍侷限於小型物件，或剖面積較小的物件。雖然如此，它的目標客群是珠寶設計師和牙醫這些進階自造者，而且他們列印的物件通常很小，並需要採用燒除乾淨的澆鑄模具。方便但昂貴（一組10個要價490美元）的VisiJet FTX Green無灰燒除樹脂槽和它4,900美元的標價都表明了這個重點。

韌體問題和 Geomagic Print

　　在安裝Geomagic Print並啟動機器後，我們會看到韌體升級的通知，這時我們無法使用機器。在嘗試拔除電源幾次、關機與重新USB連接後，才又能使用。在熟悉工作流程前，我們所列印的大型平底物件時也失敗了。

　　它的Windows專用軟體包含常見的基本功能和多數的進階功能，但自訂支撐材的靈活度和B9 Creator和Preform等軟體豐富的支撐才調整選項比起來明顯不足。

結論

　　撇開進階功能不談，它很容易使用，而且不用倒樹脂，只要更換樹脂槽、裝上成型平臺，就可以準備列印了。●

專業建議

● 如果模型有大且平的底部平面，請用「互動變型（Interactive Transform）」來改變視角。選擇「自動支撐材（Auto Support）」，再把視角切換到底部，選擇「手動支撐材（Manual Support）」，把滑桿拉到「大（Large）」，加入額外的支撐後，再按列印。

● 不要嘗試把列印失敗的成品從樹脂槽中取出，因為你可能會把它戳破，反而弄得更亂。

● 列印Geomagic需要底座並將Z軸預設偏移0.09，這部分你可以在偏好設定中修改。

● 若需要更好的列印黏著度，請試著搖晃成型平臺。

購買理由

小巧且容易使用、具有網路連線，並適合進階自造者的SLA技術，適合珠寶設計師和牙醫使用。燒除乾淨的樹脂，適合金屬澆鑄。不需在槽中打撈失敗製品，只需換新樹脂槽。

列印成品

安德森・塔 Anderson Ta
是一位數位製造專家。他的正職是萊斯大學Miller實驗室的主理人，研究組織工程和再生醫學領域裡3D列印的各種應用。工作之餘，他推廣開放硬體，以幫助其他人把想法化為現實為使命。

Brian Kaldorf

B9 CREATOR V1.2

適合工匠的機器，擁有所有測試印表機中最高的解析度。

文：尼克・帕克斯、艾瑞克・朱　譯：屠建明

Brian Kaldorf

我們去年曾測試過B9 V1.1，而B9 V1.2是它的升級版。

新增的功能包含1080p投影機與更深的樹脂槽，並改良XY平面及Z軸的機構，和ProJet 1200一樣，B9的成型方式是DLP，採用投影機而非雷射來硬化樹脂。新的鋁製樹脂槽很耐用，讓你可以用酒精來清洗樹脂掉，而不用擔心會破壞壓克力。

為使用脫蠟（或像這裡的樹脂）鑄造法的珠寶設計師所設計的B9有一個特點，它可以設定不同的解析度和對應的成型區大小。新的高解析度DLP投影機可以在XY平面上處理更多細節，做出更精細成品。推薦度最高的櫻桃色樹脂可以做出25到50微米（0.025到0.05mm）的Z軸解析度，XY平面也具有30微米（0.03mm）的解析度，所以B9的解析度可說是所有測試的印表機中最高的。

然而，我們還是有遇到一些問題，並需要經過多次的修改和微調之後才得到較佳的成品，除此之外我們還常看到很多部分硬化的樹脂漂浮在樹脂槽裡。當它運作正常時，就真的非常順利，但可惜的是我們僅能測試XY平面解析度70微米的紅色樹脂，而且因為韌體問題使我們無法變更設定。●

專家建議

使用可鑄造樹脂且具有高成型細緻度，目標客群為珠寶設計師和其他使用脫蠟鑄造法的工匠，但缺點是需要大量的修改和微調。

購買理由

● 每次使用少量的樹脂，以免列印失敗時浪費大量樹脂。

● 購買面罩或口罩，因為這臺機器需要經常與使用者互動。

B9 Creator v1.2 |
b9creator.com

- ● 測試時價格：5,495美元
- ● Z軸解析度：25-100微米（0.025-0.1mm），視使用之樹脂而定
- ● XY平面解析度：30/50/70微米（多種設定）
- ● 投影機解析度：1920×1080（1080p）
- ● 最大成型尺寸：x-y平面解析度30μm時，可達57.6×32.4mm，x-y平面解析度50μm時，可達96×54mm
- ● 測試結果：x-y平面解析度70μm時，可達104×76.6mm
- ● 材料：紅色或櫻桃色的紫外線固化可鑄式樹脂
- ● 離線列印：無
- ● 軟體：B9 Creator
- ● 作業系統：Mac、Windows、Linux
- ● 開放軟體：主軟體：GPLv3；韌體：CC BY-SA 3.0
- ● 開放硬體：輔助設計檔案BOM表；電子部分：B9Creator 3D印表機非商業硬體授權

SLA 概要

文：安娜・卡西烏娜・法蘭斯　譯：屠建明

如同在第34頁〈如何定義列印品質？〉中所提到的，精確度測試讓我們知道印表機在XY平面上列印正確的尺寸的能力，解析度則是代表該項技術的製造極限。

Jeffrey Braverman

維度精確度

實際直徑 20MM

印表機	精確度	細緻度
Form 1	-0.14	+/- 0.08mm
ProJet 1200	0	+/- 0.21mm
B9 Creator	-0.25	+/- 0.06mm

樹脂收縮可能有影響，但在測試時並未測到這個項目。

解析度

Make：城堡測試品上方的環型文字在XY平面上是0.87mm（870微米）到0.9mm（900微米）高（視字母而定），在Z軸的尺寸則是0.17mm（170微米）。城堡尺寸：X：14.33；Y：14.34；Z：24mm。

投影機系統（DLP）：
ProJet 1200, B9 Creator

在B9 Creator和ProJet 1200等投影機系統中，投影機解析度會影響Z軸解析度（或層高），以及XY平面的列印尺寸，增加解析度便會減少列印面積。

左：ProJet 1200：以30微米列印（唯一設定），投影機畫質585 dpi。

右：B9 Creator：選擇以最粗糙的70微米（0.07mm）來列印（韌體問題仍讓我們無法設定並測試更高的解析度），投影機畫質1080p。

雷射系統：
Form 1+

在雷射系統中，特徵尺寸（最細的點/壁厚）取決於雷射點的尺寸。●

Form 1+：以預設值層高50微米（0.05mm）來列印，該機器有300微米的最小特徵尺寸。

FUSED-FILAMENT FINDINGS

熔絲列印新發現 今年的桌上型3D列印趨勢。

文：安娜‧卡西烏娜‧法蘭斯、凱西‧霍葛蘭　譯：Madison

為了找出今年的3D列印趨勢，並實現安德利亞‧巴斯坦（Andreas Bastain）測試協議中量化比較數據的承諾，我們努力將測試過程的每一項數據都記錄下來，並由全體團隊成員為各項目評分。隨著我們解析這些數據，也發現到更多3D列印軟硬體的最新趨勢。

列印品質：永遠有進步空間

評估列印品質是今年測試的重頭戲，但還是要記住，這些測試進行時間都很短，僅能模擬使用者的開箱體驗。

只要印表機軟體擁有自訂設定的功能，列印品質永遠都還有進步空間。所有的測試，都採用Ultimachine橘色PLA線材，搭配原廠建議設定來進行，除了標註星號者，為了避免PLA線材堵塞才改用指定廠牌線材。不然為了一致性，我們只測試聲稱可以處理其他廠牌PLA的機器。

退役機評測：桌上型3D列印是否在進步？

在列印得分表中，我們加入兩臺「退役」機器作為比較基準：MakerBot的Replicator 1和2。結果第5代Replicator印出的表面，跟Replicator 2相比（第54頁）結果並不理想，因此我們決定全面採用我們的庫存機器來列印。Replicator 1的主人也加入測試的行列，而這些機齡3年的機器（專門設計來列印ABS材料）還可主動冷卻PLA——這也是我們一直希望類似的印表機製造商注意並加入的功能。幸好，大部分機器的表現都超越Replicator 1，不過我們的測試團隊更發現，軟體（尤其是切層軟體）對列印品質上造成的影響遠超過硬體。

整合性絕佳的CuraEngine

絕大部分印表機製造商仍依賴免費的第

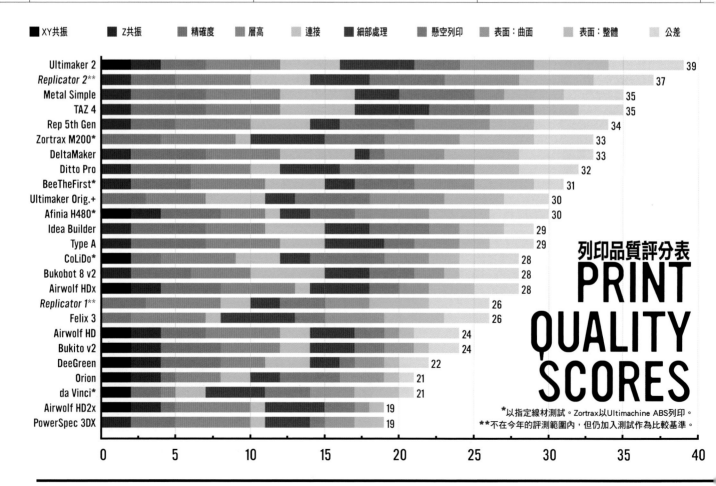

列印品質評分表
PRINT QUALITY SCORES

圖例：XY共振　Z共振　精確度　層高　連接　細部處理　懸空列印　表面：曲面　表面：整體　公差

Ultimaker 2	39
Replicator 2**	37
Metal Simple	35
TAZ 4	35
Rep 5th Gen	34
Zortrax M200*	33
DeltaMaker	33
Ditto Pro	32
BeeTheFirst*	31
Ultimaker Orig.+	30
Afinia H480*	30
Idea Builder	29
Type A	29
CoLiDo*	28
Bukobot 8 v2	28
Airwolf HDx	28
Replicator 1**	26
Felix 3	26
Airwolf HD	24
Bukito v2	24
DeeGreen	22
Orion	21
da Vinci*	21
Airwolf HD2x	19
PowerSpec 3DX	19

*以指定線材測試。Zortrax以Ultimachine ABS列印。
**不在今年的評測範圍內，但仍加入測試作為比較基準。

三方工具軟體，在我們所測試的23臺3D印表機中，只有8臺開發自己的主機軟體，更只有6臺設計自己的切層軟體。

Repetier-Host軟體仍是大家的寵兒，不過在2014年初停止提供原始碼後，讓3D列印重度愛好者對它的愛好度下降，反而造成Cura的使用率較去年比起成長四倍。又因為Ultimaker的開放原始碼切層軟體CuraEngine，整合了多家廠商的軟體，包括BeeTheFirst的BeeSoft、DeeGreen的DeeControl和Tin-kerine Suite，以及Type A Machine的Cura，讓其的使用率大躍進八倍（超越Slic3r）。

大多數的切層軟體不認硬體

在本期的評測中，我們不斷建議使用非廠商建議的切層軟體。因為許多印表機使用開放原始碼韌體，而這些韌體大多又從Marlin演變而來，就連早期的MakerBot韌體也不例外（上網搜尋一下Sailfish韌體）。如果你的印表機採用Marlin並可直接讀取G-code，你就有很多切層軟體可供選擇（Slic3r、CuraEngine、SFACT、KISSlicer、Skein-forge——但我們建議使用Cura），還能透過OctoPrint以無線方式進行列印（第74頁）。如果你的印表機可讀取.X3G檔案（如PowerSpec），那我們則建議使用比ReplicatorG更進階的MakerWare。

開放的硬體和軟體

從AGPLv3到創作共同授權的CC BY-NC-SA 3.0之間有許多灰色地帶，但我們覺得還不夠。

去年開始，受到Repetier-Host關閉原始碼的影響，導致3D列印軟體的開放性

致謝

本3D列印測試團隊要感謝布萊德·希爾（Brad Hill）（也就是goopyplastic和LittleRP littlerp. com的創辦人）打造出 Make: 城堡  A ，用來測試今年推出的立體平板印刷技術機器，測試檔案下載點：makezine. com/go/rook。

我們在〈精細列印〉中（第36頁）有提到他，不過其他正式列印模型則由自造者機器人公仔 B 的設計者——le FabShop的山謬爾·N·伯尼爾（Samuel N. Bernier）所提供，在thingiverse.com/thing:331035上可找到自造者機器人公仔的詳細列印說明。

只要印表機軟體擁有自訂設定的功能，列印品質永遠都還有進步空間。

大幅下降。我們盡可能在每篇評測中列出（也努力地上網搜尋）所有硬體和軟體檔案的授權。正如麥可·溫伯格（Michael Weinberg）所說，開源軟體的授權一直有些被誤解之處（第12頁），你也可以到oshwa. org和opensource. org查看開放原始碼授權。

速度與品質的取捨

3D列印的速度緩慢，讓購買3D印表機的人往往都想知道哪臺的列印速度最快。但這是很難回答的問題，因為比較出各家聲稱的速度並不容易。

有些速度號稱可達每秒150至200毫米，但我們必須強調，現在大多數的3D印表機會採用在直線上加速，圓角處減速的方式來提高速度。但在列印小東西時，大多數的3D印表機根本無法達到聲稱的最大速度，有些切層軟體也會微調列印速度，以增加黏著性和更佳的表面品質。

可是我們要的不只是速度快的印表機——而是要印得快又好。當印表機列印速度太快，就會犧牲品質。擠出頭會跳格進而產生阻塞。XY平面共振和層高等問題變得更嚴重。回縮若不俐落，各層的黏著性和表面品質也會變差。我們試著找出速度和品質表現都高於平均的機器，但許多速度慢的印表機其實也可以提高印刷速度，部分高速印表機也能降低速度來提高品質。

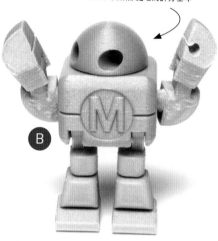

將曲面頭部與機身整體當作表面細部處理的評分基準。

切層軟體
CuraEngine擠下Sclic3r

年度	Slic3r	CuraEngine
2012	53%	6.7%
2013	55%	5%
2014	30.43%	39.13%

主機軟體
Cura和Repetier-Host並列第一

年度	Repetier-Host	Cura
2012	18.3%	6.7%
2013	32.5%	5%
2014	21.74%	21.74%

開放程度
切層和主機軟體的開放程度

年度	開放	封閉
2012	77.5%	22.5%
2013	72.5%	28%
2014	63.05%	36.96%

THE STANDOUTS

表現優異印表機 譯：Madison

經過的完整測試,並根據我們親身的使用經驗,特地列出下列幾款表現優異的印表機。每臺都有各自的長處,但也有些使用限制。根據本團隊豐富的3D列印經驗,印表機的價值等於價格、品質、功能性和擁有成本的總和,**最適合你的會是哪一臺呢?**

獎項

上手度 = 簡單且快速的開箱體驗

攜帶方便 = 體積小、有握把便於拿取

智慧設計 = 簡約、令人眼睛為之一亮的硬體與軟體

開放原始碼 = 公司釋出程式碼、原始檔案格式,並採用開放授權,讓你可自由更改設計

軟體無限制 = 可選擇其他切層軟體和控制軟體

周邊特色 = 其他印表機沒有的特色功能

隱藏成本 = 指定耗材

限制 = 有限的軟體設定,無使用者控溫功能,並在材料方面的保固受限

最佳列印品質
ULTIMAKER 2
在列印品質測試項目打敗所有對手,毫無異議地拿下最高的4點積分。

+ **開放原始碼軟體**
+ **軟體無限制**
+ **快速上手**

顧荷包獎
PRINTRBOT SIMPLE METAL
599美元的親民價位,具有自動平臺校準,其列印品質也名列第二。

+ 軟體無限制

+ 周邊特色

+ 攜帶方便

最受自造者歡迎獎
LULZBOT TAZ 4
擁有自造者需要的各種功能:開放原始碼、大體積加熱玻璃平臺,可用多種材料的自訂Flexystruder擠出頭。此外,列印品質佳,還有詳細的進階說明文件。

+ 開放原始碼軟體

+ 開放原始碼硬體

功能豐富獎
REPLICATOR 5TH GENERATION
MakerBot的最新旗艦印表機,配備許多花俏新技術,但價位和隱藏成本偏高,保固有材料限制。

+ 周邊特色

+ 快速上手

− 隱藏成本

− 限制

快樂中段班獎
表現不是特別突出,但是列印品質佳,成型體積大,低於平均的售價,讓這些機型成為不錯的選擇。

ZORTRAX

+ 快速上手

− 限制

DITTO PRO

+ 快速上手

最佳新人獎
BEETHEFIRST
全新機種!簡單易用、吸引人且攜帶方便的3D印表機,客製化開放軟體搭配聰明的硬體設計(不使用感測器),讓平臺校準變得容易。

+ 智慧設計:硬體

+ 開放軟體

+ 攜帶方便

+ 快速上手

− 限制

− 隱藏成本

智慧軟體整合獎
DELTAMAKER
它是我們評測中第一臺無縫整合Octoprint和內建Cura切層軟體的3D印表機,更有一些我們希望其他廠商可以見賢思齊的功能。

+ 軟體無限制

+ 快速上手

+ 智慧設計:軟體工作流程和整合

效能可靠獎
AFINIA
連續第三年獲獎。它的成形體積小,並限制軟體和材料,所以不是人人適用,但操作簡單,而且可持續升級韌體。。

+ 周邊特色

+ 快速上手

− 隱藏成本

− 限制

最佳韌體升級獎
ULTIMAKER ORIGINAL+
來自Ultimaker持續的支援和更新,讓這經典款3D印表機變得更好。

+ 開放(客製)軟體

+ 軟體無限制

ARDUINO GETS PHYSICAL

Arduino 實體化

文：麥可‧賽納斯
譯：Madison

率先目睹Materia 101──第一臺Arduino 3D印表機。

MATERIA 101
MADE IN ITALY
SD

Arduino 以簡單好用的微控制器聞名，現在則要進軍3D列印圈了。10月初在羅馬舉辦的 Maker Faire 中，一家開設在義大利都靈的公司首次展出 Materia 101──這臺具白綠配色的箱型熔絲製造印表機。Arduino 請義大利最大的3D印表機製造商 Sharebot 替他們組裝 Materia 101，並以 Sharebot 的 Kiwi 3D迷你印表機為原型。

Materia 101 的特色是簡單──其列印尺寸為140 mm×100 mm×100 mm（約5½"×4"×4"）。無加熱的列印平臺只支援PLA材料，擠出頭則使用標準的1.75 mm線材。正面有一個液晶螢幕、按鈕滾輪以及突出於外殼的大顆電源開關（很突兀）。左邊有SD卡插槽，可列印SD卡中的檔案。此外，還附一個可拆式的線材支架。

不過，對 Arduino 來說這臺印表機不是最終產品，還有價格約800美元的配件包和預先組裝好的1,000美元套件。Materia 101 的原始碼全部開放，可以依你的需求進行修改，這也是 Arduino 提倡的精神。不管是想要加大成型區，還是想要換成加熱平臺，還是用印表機中的 Arduino Mega 做其他專題，不管是電路圖還是其他你所需要的資訊網站上都有提供。

這臺印表機是 Arduino 目前出產最大的硬體產品。這個策略很有意思，也不是與過去產品完全無關，許多3D列印社群開發的印表機都是使用 Arduino 做為控制板。此外，這也顯示較大型的企業逐漸開始接受，甚至發表消費性3D印表機了。

等 Materia 101 一上市，我們就會馬上來玩玩看。

Arduino

ONES TO WATCH

觀察名單
文：克雷格‧考登
譯：Madison

粉狀3D列印即將來襲。

熔絲3D印表機正蓬勃發展，樹脂3D印表機也快要成為下一個主流，而下一代的家用3D印表機將是採用雷射、加熱與液體把混和粉末固化的製成方法。好處是，這個製成方式就不需要在懸空的部分添加額外的支撐材。此外，還能使用多種不同材料——目前普遍的是塑膠和礦物，但不久的將來也會有可列印金屬的機器出現，以下是幾臺值得你追蹤的印表機。

BLUEPRINTER

從碩士論文修改而來的產品，來自丹麥的Blueprinter運用類似選擇性雷射燒結（SLS）的方式，以感熱列印頭（選擇性熱燒結）來代替雷射融化粉末，售價約25,000美元。在2012年的出貨量並不大，但現在公司正在增加產量。.
blueprinter.dk

SPARK
AUTODESK
默默快速增加支援的Autodesk Spark軟體，可望成為3D列印的明日之星。Spark打速提供一條龍式的列印服務，包含修復功能、切層、刀具路徑產生、傳送至本地系統或從桌面或網路來進行列印。Dremel（第56頁）和Local Motors（第72頁）都已宣布與Spark這套具有開放API與多種材料相容互相合作，而他們的第一臺硬體——Ember樹脂印表機也將會展示可用的軟體功能。
spark.autodesk.com

SNOWWHITE
SHAREBOT
義大利印表機公司Sharebot正在擴張產品類型，除了受歡迎的熔絲3D印表機外，他們也和Arduino合作開發SLS粉末印表機Snow-White（暫定）。預計在2015年初上市，而它的售價大約是25,000美元。
sharebot.eu

SINTRA
SINTRATEC
瑞士公司Sintratec的SLS印表機仍在開發階段，已知他們期望將售價壓在前所未有的5,277美元。我們不清楚此刻他們的Indiegogo募資計劃進行得如何，不過以二極體雷射來代替昂貴的二氧化碳雷射，的確可以壓低價格。
sintratec.com

PLAN B
YVO DE HAAS
Haas的Plan B印表機以現成的3D和噴墨印表機零件組成，採創作共用授權，用膠水將石膏粉黏合來進行列印。其成品效果細緻，但仍需要再稍作處理。Hass將價格壓在1,200美元；他們的網站上有使用手冊，而且持續更新中。
ytec3d.com/plan-b

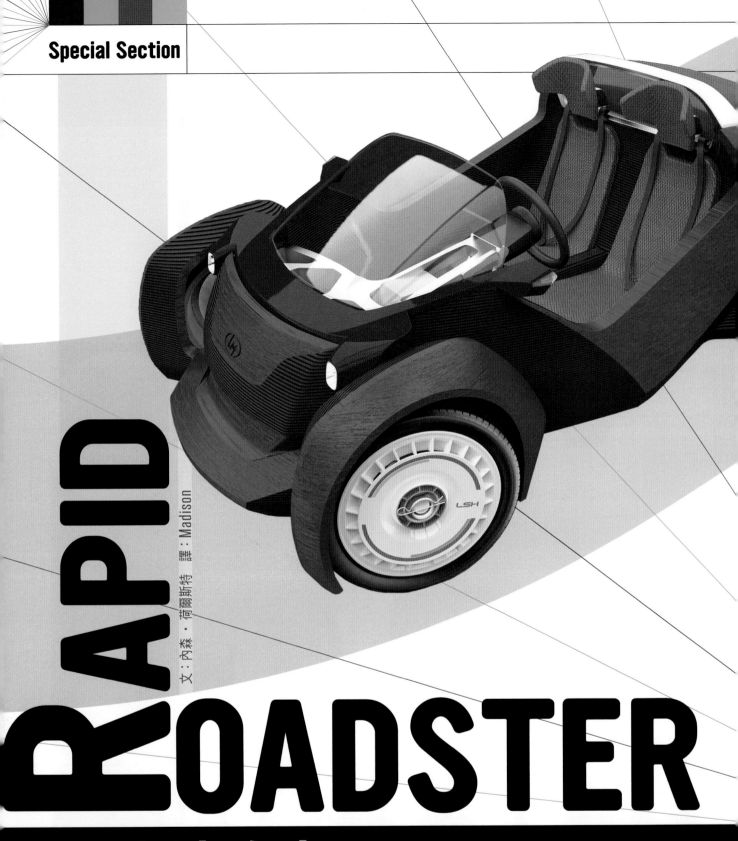

RAPID ROADSTER

文：內森‧荷爾斯特 譯：Madison

得來速跑車
可上路的全3D列印車即將上市。

Local Motors

由於汽車工業常用3D列印來製作零件和車體的原型模具，所以他們對於3D列印再熟悉不過。不過由米歇爾‧阿諾（Michele Anoè）所設計的Strati可是第一臺能開上路的全3D列印汽車。

採用低底盤敞篷跑車配置，加上電動馬達，使得Strati的時速最快可達50英哩，暗色車體搭配紅色座椅和白色輪子，看起來相當搶眼。最引人注目的是那些厚厚的水平紋理，這其實是熔絲製造過程留下的痕跡，讓它更是與眾不同。

位於鳳凰城的Local Motors是一家打破傳統且結合微型製造合作設計（並強制執行創用共同授權的規定）的運輸公司，而Strati只是Local Motors的其中一款3D列印車。對Local Motors執行長和共同創辦人傑‧羅傑斯（Jay Rogers）而言，他們的宗旨是加速汽車製造與完成3D列印的最大挑戰——製造出實用且完整的產品。

「說出跟印出美麗作品有個基本的不同，要先有結構，再用刀子或銑床把它依照我的需求變得實用或美觀。」羅傑斯說。Local Motors在Strati上並不考慮以高解析度列印來進行製造，而是先快速製造出結構堅固的車體，再用銑床修改成最後所要的外型。

Strati曾在Local Motors舉辦的社群比賽中獲獎，設計者的重點不只是3D列印汽車而已，而是想讓汽車變得容易生產。他們最大的革命目標是減少零件數，將一臺傳統汽車所需的數萬件減少至Strati的49件。

車體內裝採用雷諾Twizy的馬達和零件，目前正在進型碰撞測試和申請社區型電動車認證。羅傑斯預計讓Strati於明年上市。

Local Motors的資深製造工程師詹姆士‧厄爾（James Earle）表示，Local Motors舉辦比賽的目的是鼓勵設計者根據3D列印技術來設計產品，而積層製造具有傳統製造所沒有的限制（反之亦然）。厄爾說：「這個製造方式的確讓設計變得不同，但當你放大規模，就有其他因素要考慮。」。

他特別講到熱脹冷縮，因為ABS材料冷卻時會收縮，所以一個10呎大小的成品收縮的幅度並不小。因此他們使用混和碳纖維的塑料顆粒，使成品不致於縮小太多，同時也能增加硬度和張力強度。

用辛辛那提股份有限公司出產的大型積層製造印表機列印出總共212層的Strati，該印表機的成型平臺有12'×7'×3'那麼大。列印完成後，再用Thermwood的5軸CNC修整外觀，清除多餘支架。更由於零件數很少，所以可以快速組裝完成。

厄爾提到這臺車的優點在於「只要減少系統的複雜度，就能減少零件壞掉的機會。」除此之外，還有3D列印最大的優點：大量客製化。他認為有一天顧客們甚至能自己設計車子大小和外型。

此外，Local Motors可以大幅減少上市時間。一臺傳統汽車的開發時間是5到7年，羅傑斯計劃在每年都釋出10次的3D列印車更新，讓交通工具更新速度追上軟體和手機。羅傑斯說：「年輕人和思緒聰穎的人將掌握汽車製造業，我認為這將掀起一波新趨勢，讓這些人開始影響汽車生態鏈。」🖉

從數位設計到3D列印只要花6個月，Local Motors的執行長傑‧羅傑斯（最右邊圖）期盼Strati能加速汽車產業的演進。

Jeffrey Braverman

Erik Fuller

UNTETHER YOUR 3D PRINTER

3D印表機雲端化

文：麥特・葛利分
譯：Madison

主機軟體將解放你的3D印表機，讓你透過網路控制列印。

麥特・葛利分
Matt Griffin
是 Adafruit Industries
公司的社群與技術支援
總監，在 Adafruit 每周
的「3D Hangouts」即
時影片中你都能看見他
的身影，而他與 Maker
Media 合作的書籍
《Design and Modeling
for 3D Printing》也即
將上市。

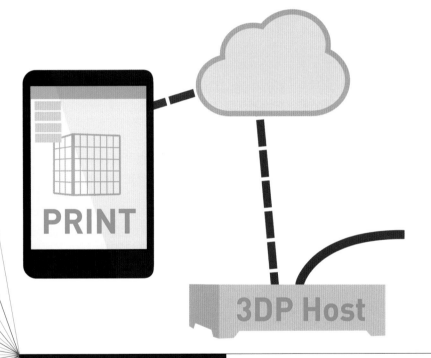

PRINT

3DP Host

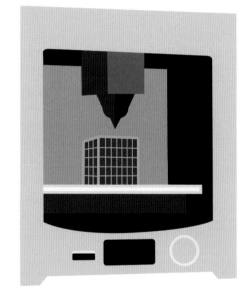

OCTOPRINT特色

● 3D印表機不需與電腦綁在一起，不管是無線或有線，只要透過網頁瀏覽器便可進行列印。

● 可調整設定的遠端印表機控制軟體。

● 監控列印進度和溫度。

● 用視訊或自動縮時攝影拍攝參考照片。

● G-code視覺化（列印中也可）和檔案管理。

● 不限定印表機——可與各種硬體和韌體相容（Marlin、Sprinter與Smoothie），搭配各家廠牌的印表機。

對於列印時只能守在印表機旁感到厭煩了嗎？試試3D列印主機軟體吧。它就像網頁一樣，讓其他電腦和行動裝置可透過區網或雲端來控制你的印表機。

主機軟體讓你可以監控印表機的溫度、工作進度和剩餘材料，甚至是用網路攝影機拍攝工作狀況。這套軟體的效能需求不高，可以在一般平價嵌入式電腦（Raspberry Pi、BeagleBone Black或pcDuino）上執行。

OCTOPRINT

主機軟體的內部核心是免費又開源的OctoPrint計劃（圖Ⓐ），由軟體工程師吉娜・霍斯格（Gina Häußge）所開發，

擁有豐富的社群資源和安裝簡單的OctoPi映像檔。

2012年的聖誕節，霍斯格因為想透過網頁瀏覽器來控制印表機，開始在Github上為開源印表機主機Cura寫程式，進而開啟她的全新「印表機網路介面」計劃。接下來兩年，霍斯格把閒暇時間都用來開發OctoPrint（octoprint.org）。

去年8月，西班牙科技公司BQ全職聘請霍斯格繼續以開源方式開發OctoPrint，並提供她包含開發人員、UI和UX設計師，以及品管和技術支援的團隊。

目標客戶

只要是使用桌上型熔絲製造3D印表

機搭配Marlin韌體或其複製版的人，OctoPrint在3D列印業餘愛好者、RepRap社群和想自行客製軟硬體的駭客之間相當受歡迎，並與MakerBot的.xg3檔案相容。

強項

有強大且活躍的開發者和使用者社群（圖**B**），加上BQ的投資和吉娜的帶領，OctoPrint仍持續進化中，OctoPrint豐富的附加選項已明確地定出3D印表機主機軟體應有的規格。

限制

儘管吉娜努力讓OctoPrint變得簡單又快速，但近期的AstroPrint計劃（astroprint.com）則將重心放在嵌入式電腦函式庫的最佳化上，而非讓OctoPrint社群容易協同開發。因此，有些解決方案（包括3DPrinterOS和Print to Peer）可能在嵌入式硬體上執行起來更有效率，或提供更多的客製變化（圖**C**）。

入門：OctoPi

將蓋·雪佛（Guy Sheffer）所修改的OctoPi映像檔（github.com/guysoft/OctoPi）寫入SD卡，再放入Raspberry Pi中，依照安裝指示操作，就能開始使用OctoPrint及其相依軟體，或標準的有線無線網路自動設定工具，甚至是網路攝影機和PiCam等相關資源。

重點

時間、金錢和社群力量讓開放的OctoPrint平臺成為無敵的3D列印工具，現在Printrbot、Type A Machines和DeltaMaker等廠商已經開始搭配OctoPrint系統銷售。◥

+ 了解在 Raspberry Pi 上執行的 OctoPrint：makezine.com/go/gsoctoprint。

最大功臣：
吉娜·霍斯格

採訪：米歇爾·辛納、伊夫·辛納

● Q：請向菜鳥簡單解釋一下Octo-Print。

● A：它就像加上遠端控制功能的嬰兒攝影機，讓你透過網頁控制印表機並看到工作狀況。

● Q：開發的契機為何？

● A：我有一臺閃亮亮的全新3D印表機，但它會一直發出步進馬達的聲音跟塑料融化的味道。一開始的動機是不想跟3D印表機共處一室，但還是能觀看與監控它，又綁著一臺笨重的電腦跟一堆電線。因此我想要從任何可上網裝置來監控印表機，所以用一般的網頁瀏覽器也是首要原因之一。

● Q：你在BQ任職會影響Octo-Print的發展嗎？

● A：BQ是一家非常講究開放原始碼的公司，我們都希望讓OctoPrint繼續維持開放和相同的授權。而現在我可以全職開發OctoPrint，還有專屬團隊支援開發計劃跟社群、腦力激盪跟品質控管，因此OctoPrint的未來將會更有趣。

● Q：你如何看待OctoPrint和印表機的整合？

● A：我非常驕傲。我覺得這很重要，取之於社群、用之於社群。害群之馬總是很讓人失望。

深入瞭解請上 makezine.com/go/haussge

OctoPrint 網頁介面，列印過程中可啟動網路攝影機進行監控。

Nils Hitze

它就像加上嬰兒攝影機與遠端控制功能的3D印表機。

Moritz Ulrich

傑森·格里克森（Jason Gullickson）的 OctoWatch Pebble 手錶計劃，github.com/jjg/octowatch。

Melinda Rainsberger

iPad 上的 AstroPrint 介面。

STICK IT
FROM THE START
從一開始就黏緊緊

文：約翰·亞貝拉
譯：Madison

打贏3D列印黏著戰。

約翰·亞貝拉 John Abella
是一位自造者，對於3D列印與CNC相當狂熱。他也在紐約Maker Faire的3D印表村擔任管理員，更是BotBuilder.net的首席指導老師，在《MAKE》的三期3D印表機使用指南中都有他所寫的專欄。

最主要導致3D列印失敗的原因都是第一層沒有鋪平或確實黏著於平臺上，以下是Make:3D列印測試團隊提供的建議，有助於你印出完美的第一層，順利完成之後的列印工作。

thingiverse.com/thing:266543/RenatoT
以 Ultimaker 2 列印

1. Z軸第一層的厚度是關鍵，平臺和噴嘴之間的距離應為層高的50%到70%。一般的A4紙應可剛好滑過，僅稍微摩擦到。

2. 多花點時間校準平臺是件很重要的事，而且初步校準正確還可以沿長機器的使用壽命。

3. 在調整列印層高時，噴嘴和平臺間的起始間距也需要改變，比方說列印60微米層高所需要的起始高度要比250微米層高來得小。

4. 列印ABS需要用到加熱平臺，但這並不能保證萬無一失。常見的作法是印在Kapton耐熱膠帶或PET膠帶上，再塗上薄薄一層的ABS丙酮溶液或氣溶膠噴霧來增加黏著性。當平臺冷卻時再進行這些操作，並遠離印表機上所有會移動的零件。

5. 列印PLA時，我們建議使用加熱平臺，尤其是玻璃材質的（要乾淨，不能有指紋！），或是貼上藍色紙膠帶的表面。若要列印大尺寸扁平作品時，請先用70%酒精將藍色紙膠帶清理一番。

6. 我們特別喜歡那種乾了之後會變透明的口紅膠，你可以在平臺冷卻時塗一層。

7. 列印尼龍呢？請用Garolite（玻纖環氧層壓板）平臺，這種材料不容易在實體店面買到，但是網路上很好找，又稱作「G10」。

8. 可以試試BuildTak（ buildtak.com ）這種具有些微紋理的塑膠表面，專門用來增加列印黏著度，你可依印表機的平臺大小選擇你所要的形狀，適用於ABS和PLA，就算是隔夜列印也不成問題。

RAINBOW EXTRUSION
彩色列印 用麥克筆為列印品增添色彩，簡單又便宜。
文：喬許·阿吉瑪 譯：Madison

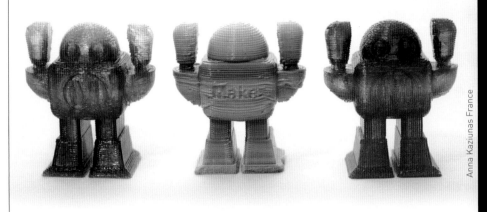

Anna Kaziunas France

時間：
約1小時
成本：
5~8美元

材料
» 透明或白色線材
» 各色麥克筆
» 3D 印表機

用麥克筆替透明或白色線材上色，這是種簡單快速又安全的方法。市面上有一些轉接頭可以在線材通過擠出頭時上色，不過手動為線材上色也可以。

1. 測量線材長度

用Cura（軟體會顯示長度）或Slic3r（看G-code的最後一行）將你的模型切層，以取得需要的線材長度。或如果你的切層軟體可以匯出標準G-code，上傳到gcode. ws，模型資料頁面就會顯示所需長度。Makey機器人需要的線材長度大約500至1,500 mm。

2. 顏色

將線材長度除以你需要的顏色數量，就知道每段顏色長度是多少，再一邊用尺測量一邊上色。在尾端預留一些長度，以免測量有誤差，而最先進入擠出頭的顏色會在成品的底部。

3. 列印

用透明或白色線材清理擠出頭，再填入上色的線材。填入時要特別注意，看到上色線材擠出時便停止。依照印表機或切層軟體的設定，第一個顏色區塊可能要稍微長一些，因為在列印剛開始時線材可能會因為漏出、需要預擠或組成棧板而有所損失。◐

Josh Ajima

文：約翰·亞貝拉
譯：Madison

10 GREAT SHORT PRINTS
10個厲害的小作品
30分鐘以內便可完成的快速樣品。

隨時保持印表機最佳狀態，可以讓你印得更大且更久，不管是隔夜還是幾天。我們測試過的許多機器都可以輕鬆連續列印40小時以上，列印出大小超過列印區域的作品。但有時你只是想要快速列印出宣傳品、樣品或是在MAKER FAIRE上展示！

以下是3D列印測試團隊精選的快速模型，短時間內就可印好。

1. 伸縮手環
thingiverse.com/thing:13505

2. 彎曲小蛇
thingiverse.com/thing:4743

3. 開瓶器
thingiverse.com/thing:11025

4. 可客製登山扣
thingiverse.com/thing:57174

5. 迷你口哨
youmagine.com/designs/mini-whistle

6. MAKER FAIRE機器人
thingiverse.com/thing:40212

7. 杯子（單面）
thingiverse.com/thing:43914

8. 陀螺
thingiverse.com/thing:193914

9. 小手機架
thingiverse.com/thing:330724

10. 啟動硬幣
youmagine.com/designs/rebel-coin-for-launcher

Cyberpunk Spikes

自製賽博龐克風的釘飾

運用3D列印技術，製作柔軟富彈性的釘飾，
再加上可編程的彩色LED。

文：貝琪‧史登　譯：孟令函

**貝琪‧史登
Becky Stern**
（adafruit.com/
beckystern）是個
DIY大師，也是
Adafruit穿戴式電
子裝置領域的總
監。她每週都會
發布一個新的自
造影片，也有在
YouTube上主持現
場節目。

時間：
幾個小時
成本：
70～85美元

材料

» **NeoPixel RGB LED 光
條**：每條有 60 個 LED，
可各自定址，Adafruit
（adafruit.com）網路商
品編號 #1138。
» **NinjaFlex 3D 列印彈性線
材**：雪白色，Adafruit 網
路商品編號 1691。
» **Adafruit Gemma 微
控制器**：Maker Shed
（makershed.com）網
路商品編號 #MKAD71 或
Adafruit 網路商品編號
#1222。
» **單極雙擲（SPDT）滑動
開關**，針腳間距 0.1"：
Adafruit 網路商品編號
#805。
» **鋰聚電池，500mAh**：
Adafruit 網路商品編號
#1578。
» **電池延長線，JST 公、母**：
Adafruit 網路商品編號
#1131。
» **稀土磁鐵（6）**：Adafruit
網路商品編號 #9。
» **安全別針或針線**
» **Permatex 矽膠黏著劑，
66B**
» **熱縮套管**
» **絕緣膠帶**

工具

» **3D 印表機**，熔絲製造技術
» **安裝有 Arduino IDE 軟體
的電腦**：可以從 arduino.
cc/en/main/software
免費下載。
» **烙鐵**
» **松脂心焊錫，60/40**
» **剪刀**
» **剪線鉗 / 剝線鉗**

Andrew Tingle

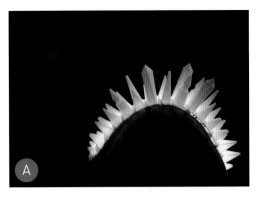

A

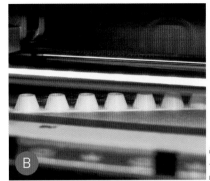

B

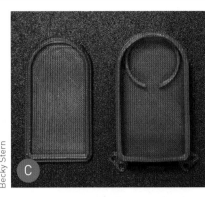

C Becky Stern

結合 **NinjaFlex彈性線材** 和 **Neopixel LED** 光條，製作你專屬彈性的尖刺造型發光衣飾吧！在光條中裝入磁鐵後，就可以任意把這些衣飾吸在衣櫃裡的衣服上。柔軟的彈性塑膠套內裝有小巧的Gemma微控制器來驅動LED，還裝有一個可充電的鋰聚電池。

我們設計了兩種尖刺造型的LED衣飾，一種是一般的尖刺造型，另一種是仿造水晶的尖刺造型（圖A），不管你選擇哪一個，都超吸睛！

1.3D 列印尖刺與塑膠套

從 thingiverse.com/thing:262494 下載你喜歡的尖刺形狀，然後用NinjaFlex線材，在225°F的溫度環境下，配合未加熱的底板印出（圖B）。想看更多NinjaFlex列印材料的使用方法，請上 learn.adafruit.com/3d-printing-with-ninjaflex 閱讀瑞茲兄弟的教學。

同時從 thingiverse.com/thing:262522 下載檔案，印出用來放Gemma微控制器與電池的彈性塑膠套兩件組。這組塑膠套是用NinjaFlex線材印出來的，質地柔軟富彈性也夠堅韌，可以提供零件絕佳的保護（圖C）；塑膠套的外緣附有孔洞，可以穿過別針或針線直接固定在衣物上。

2. 在 Neopixel 光條電路板

的輸入端焊錫，如果焊到另外一端，光條就不會發亮，所以要確定PCB上的箭頭方向與焊接電線的位置，正好是相反方向。

將3條大約8"長的電線焊接到光條的電路板上。為了避免焊點距離太近，將中間那條電線焊在PCB背面，2條在上、1條在下（圖D）。把3個稀土磁鐵包在膠帶裡，避免短路（圖E），然後將它們推進NeoPixel光條的保護套裡，位置讓它正好在PCB的下面（圖F）。我們用的光條有16個燈點長，3個磁鐵之間的間距是平均的（兩端各1個，中間1個）。

接下來，找一個空氣流通的地方，整理出適當的工作空間，工作的桌面最好先找東西墊著保護。

用Permatex 66B矽膠黏著劑將3D列印出來的尖刺黏貼到光條上（圖G），將黏著劑塗在光條的矽膠保護外層，以及用NinjaFlex材質印出的尖刺上，可以用牙籤將黏著劑塗抹開來（圖H）。

稍微擠一點矽膠黏著劑在光條保護層的尾端，就可以達到防水及防拉扣效果（圖I，然後將成品放置風乾一晚。

3. 連接電路

將光條的電線穿過兩件式塑膠套頂端的孔洞（圖J，見下頁），然後按照以下步驟將它們跟Gemma焊接在一起：NeoPixel GND接Gemma GND；NeoPixel+接Gemma Vout；NeoPixel signal接Gemma D1（圖K，見下頁）。

將Gemma放進塑膠套的圈圈裡，USB接孔在塑膠套下半部、朝外的位置（圖L，見下頁）。

用一個JST延長線以及滑動開關做出你的轉接器（圖M，見下頁）。將各個接觸點依圖所示焊接，然後用熱縮套管將其包起來。

滑動開關大小剛好符合塑膠套上的小開口（圖N），在還沒合上塑膠套的上蓋時，先把充電式電池充滿電。

將電池接上電線，把每個零件在塑膠套裡放好（圖O），就可以蓋上蓋子了。

4. 上傳程式碼

從 github.com/adafruit/Adafruit_NeoPixel 下載NeoPixel函式庫，將下載的資料匣（內含Adafruit_NeoPixel.h以及.cpp檔

E

F

G

H

I

D

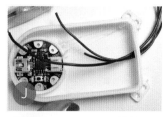

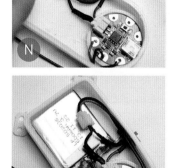

案）重新命名為 Adafruit_NeoPixel（包含那條底線），然後把他跟其他的 Arduino 函式庫放在一起，通常會在 [home folder]/Documents/Arduino/Libraries 資料匣。

接著從範例（Examples）的子資料匣打開檔名為 strandtest.ino 的草稿碼，透過 Arduino IDE 將它上傳到 Gemma。

以上步驟是不是開始讓你覺得不知所云了呢？其實很簡單。如果你第一次操作這些步驟，可以在開始動手以前先讀讀 learn.adafruit.com 網站上的「Gemma 簡介（Introducing Gemma）」以及「NeoPixel」的說明。

這些程式碼都已經有詳細的註解，說明草稿碼每個部分的作用。就讓我們一起來看看吧：

宣告目標

所有 NeoPixel 的程式碼都包含了標頭檔：

```
#include <Adafruit_NeoPixel.h>
```

為了之後方便，下一行程式碼中，有分配一個號碼給 PIN（這並非必要，只是之後想改變連接 NeoPixels 的 PIN 時，可以不必深入整個程式碼）。你的光條應該跟 Gemma 的 pin1 相連接：

```
#define PIN 1
```

下一行就要定義 NeoPixel：

```
Adafruit_NeoPixel strip = Adafruit_
NeoPixel(16, PIN, NEO_GRB + NEO_KHZ800);
```

等下要控制 NeoPixel 光條時，會再提到這串名稱。括弧中有 3 個參數或引數（arguments）：

» 光條中 NeoPixels 的序數，以我們來說是 **16**，你做的可能更長。
» NeoPixel 光條要接上的 pin。一般來說會用一個 pin 號碼來稱呼它，但我們前面有提到，我們會用名稱來直接稱呼 **PIN**。
» 連接上哪種 NeoPixels 會用一個「值」來代表（可以不管這道手續，這主要是提供給比較舊款的 NeoPixels 參考）。

設定顏色與亮度

在下一區的程式碼中，你可以決定讓

NeoPixel 發出你最喜歡的顏色：

```
// Here is where you can put in your fa-
vorite colors that will appear!

// Just add new {nnn, nnn, nnn}, lines.
They will be picked out randomly

//                        R    G    B
uint8_t myColors[][3] = {{232, 100, 255},
// purple

                        {200, 200, 20},
// yellow

                        {30, 200, 200},
// blue

                        };
```

設定 LED 的顏色有兩種方法。第一種：

```
strip.setPixelColor(n, red, green, blue);
```

第一個引數（這裡以 n 為例子）就是在這個光條裡 LED 的號碼，從最接近 Arduino 的標號 0 號開始。如果你的光條有 30 個 LED，它們會從 0 標號到 29，這跟電腦運算有關（在程式碼的使用中，你會看到很多地方用到程式迴圈（for loop），將迴圈計數器當作 LED 的號碼傳遞，來設定多個 LED 的值）。

接下來的三個引數是 LED 的顏色，用數字表示如：紅、綠、藍，這幾種顏色的亮度，**0** 是最暗（關），然後 255 是最大亮度。

而另外一種語法只有兩個引數：

```
strip.setPixelColor(n, color);
```

在這裡，顏色都變成 32 位元的形式，將紅色、綠色、藍色的值合併而成一個號碼，有時這樣可以讓程式更有效率的處理這些資訊。你可以看到 strandtest 程式碼在兩個不同的地方用了這兩種語法。

你也可以分別把紅、綠、藍的值轉換成單一的 32 位元模式，待會就能使用：

```
uint32_t magenta = strip.Color(255, 0, 255);
```

然後，你就可以把 magenta（洋紅）當成引數傳進 setPixelColor，而不是每次分成紅、綠、藍了。

> **注意：** SETPIXELCOLOR() 在 LED 上不會馬上顯現效果，為了要促使顏色指令傳到光條，可以再輸入 SHOW()：
>
> strip.show();
>
> 這個指令會一次更新整條光條的動作，除了需要這個額外的步驟比較麻煩以外，這種延遲其實是好事，如果每一個新的 setPixelColor() 指令都會馬上生效，顏色的變化會很突然，就不是自然地漸漸變化了。

所有 LED 的亮度都可以透過 setBrightness() 來調整，這只需要一個單一的引數，也就是從 0（關）到 255（最大亮度）的數字。舉例來說，如果要把一條光條的亮度設定為 ¼，就用：

strip.setBrightness(64);

閃動效果

在 strandtest 的範例碼中，loop() 並沒有為自己設定任何 LED 顏色，它會呼叫其他可以產生閃動效果的功能。所以暫時忽略這點，往下看下去吧；從各個不同功能中，可以看到這整條光條是怎麼控制的。

你會在不同的程式碼區塊裡看到你可以微調的參數：

» 改變閃動的頻率
» 改變每次亮起的 LED 數量
» 慢慢改變顏色，顏色囊括整個光譜
» 燈光顏色展示方法有：彩虹型、靜止型、閃動型
» 某些 LED 會有閃光或漸暗的效果

5. 穿上你的 3D 列印光條！

你可以把 3D 列印的塑膠套固定在衣物的任何地方，只要用別針或針線穿過塑膠套的小孔就可以了。如果想要永久固定這個塑膠套的話，你可以在衣物內部縫個小口袋，用來放這個小塑膠套，然後把整組電線藏在衣服裡（圖 P）。

» 用一個包頭甜甜圈綁出包頭，然後把小塑膠套藏在包頭下面，你就可以把發光??尖刺穿戴在你的包頭上了（圖 Q）！
» 也可以做肩章（圖 R、圖 S）。
» 環繞領子（見第 78 頁）
» 有人想製作 Cyber 龍嗎？試試看製作水晶狀的尖刺吧（圖 A、第 79 頁）

你會怎麼穿戴這些發光尖刺？我們期待收到你的分享！ ◎

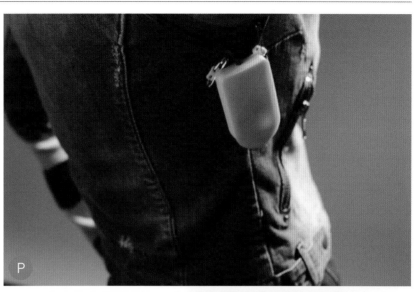

P

> **小提醒：** 由於已經用黏著劑把 LED 光條封起來了，所以理論上來說這個裝飾光條應該是防水的，但是在大雨滂沱時還是把燈關掉、拿出電池比較好。

Q

R

S

在 makezine.com/projects/cyberpunk-spikes 看更多照片，或是與我們分享你的創作、自造靈感。

本教學的原始資訊來自 Adafruit 學習系統（Adafruit Learning System）：learn.adafruit.com/cyberpunk-spikes。

時間：
一個週末
成本：
5～50美元或是更多

材料

» **眼鏡鏡片或是3D鏡片模型：**用來當作設計鏡框的依據，可以3D掃描既有的鏡片，或直接從eyewearkit.com下載免費的鏡片模型。

» **我設計的3D鏡框模型（非必要）：**如果想省事一點，可以直接調整我設計好的鏡框。在本文的專題網頁可以直接下載STL以及Rhino檔案。

» **螺絲，2mm（2）**

工具

» **3D印表機（非必要）：**如果沒有自行列印的管道，可以找專業的列印服務，例如Shapeways。

» **配備CAD軟體的電腦：**我用的是Rhino，在rhino3d.com可下載90天試用版。

» **數位相機或智慧型手機（非必要）：**如果要3D掃描既有的鏡片才需要此工具。

» **螺絲起子**

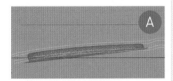

A

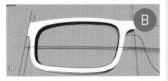

B

C

D

＋鏡片也能
3D列印嗎？
Formlabs曾用他們的Form1+SLA列印機印出樹脂材質的光學鏡片。現在我們來看誰會先用3D列印技術做出完整的驗光眼鏡。makezine.com/go/formlabslens

3D Print Your Eyeglasses

3D列印眼鏡
文、圖：亞倫·波特菲爾德　譯：孟令函
終於！有一些小技巧可以讓你設計並列印自己的眼鏡了。

亞倫·波特菲爾德
Aaron
Porterfield
是在舊金山灣區土生土長的設計師，他的作品橫跨產品設計、參數化設計、數位製造等領域。

　　這個專題教你如何3D列印自己設計的鏡框，而且可以裝上任何驗光師製作的鏡片。跟直接買新鏡框比起來，用MakerBot列印便宜多了。

　　我用手機的相機跟Autodesk的123D Catch軟體3D掃描了我的舊鏡片（instructables.com/id/3d-scanning-a-glasses-lens/）。比較簡單的做法，在eyewearkit.com下載鏡片的3D模型，然後用這個模型再做鏡框設計。

　　如果想要再更簡單一點，就直接用我的3D鏡框模型做調整吧，你可以省下許多設計的時間。

1.準備3D鏡片模型檔案

　　在CAD程式上繪製你的鏡片模型，使用測徑器或直接看印在鏡架內側的鏡面外框尺寸，例如：50-18-135的意思就是鏡片寬50mm、鼻橋距離18mm（DBL）、鏡腿長135mm（如果你是直接下載鏡片的模型，就可以跳過這個步驟）。

　　接著就從鼻橋中線量測鼻橋距離一半的地方開始建置鏡片（以上面的舉例來就是距離中線9mm的地方），因為眼鏡鏡片是對稱的，所以只需要畫一半的模型就好了。

2.畫出鏡片的曲線

　　將鏡片的模型擺正，這樣在鏡像複製出另一邊的鏡片時，鏡片的曲線才會是流暢且符合臉型的。沿著鏡片表面的弧度畫出曲線，並延伸到中線。

3.設計鏡框形狀

　　依照鏡片的厚度複製並列一條曲線，讓它們之間有1.5mm-2mm的距離，做出鏡框的厚度（圖Ⓐ）。

　　在裡有個好玩的地方：用上下兩條曲線畫出你的鏡框的輪廓，並為每條曲線畫出曲面，然後將你的鏡片曲線投射在那上面（圖Ⓑ）。

4.依鏡片調整鏡框設計

　　我的鏡片有個V型的角，所以我為鏡框也做了一個相應的形狀。

5.處理鏡框的表面

　　連接填滿你的鏡框表面。要做出眼鏡的鼻墊，就從鏡框裡面的表面拉兩條曲線出來，然後拉動控制點來做出鼻墊的形狀（圖Ⓒ）。

6.做出眼鏡腳架的形狀

　　畫出與鏡框呈直角的角架，複製平移，然後用鏡框的角度當作它的曲線輪廓。

7.製作螺絲孔

　　我在鏡框與腳架的連接處用布林運算的結合（Boolean union）做了突出的螺絲孔，尺寸符合2mm的螺絲大小（圖Ⓓ）。

8.鏡像複製

　　鏡像複製你做出的模型，就是一副眼鏡了。

9.列印並組合

　　Stratasys旗下Objet的材料（文中所用的）有絕佳的解析度，但是PLA塑膠材質比較耐用；一般來說大部分的3D列印公司都有提供SLS尼龍塑膠，這種材質也不錯。在列印出你心目中理想的鏡框後，磨光、擦亮，然後把鏡片推進鏡框，我的鏡框與鏡片大小剛好吻合（驗光師通常會在進行這個步驟前稍微把鏡框加熱一下，不過我沒試過）。最後用螺絲鎖上眼鏡腳架，馬上戴戴看新眼鏡吧！ ❂

在www.makezine.com.tw/make2599
131456/3d49上下載鏡框的3D模型檔案以及觀看完整的步驟教學。

3D Medical Scan
Print Your

3D列印你的醫學影像
文：路易斯‧伊本內茲　譯：孟令函

準備好斷層掃描影像，利用開放原始碼軟體列印。

路易斯‧伊本內茲
Luis Ibáñez

（luis.ibanez@gmail.com）是Google的軟體工程師，在這之前任職於提供醫學影像分析的開放原始碼平臺Kitware。

時間：
一個週末
成本：
10～20美元

材料

» DICOM 格式的醫學資料，或者用 OsiriX 免費的資料集：
http://osirix-viewer.com/datasets/DATA/PELVIX.zip。
» 3D 印表機或列印服務
» 電腦使用的免費、開放原始碼軟體：
  » 3D Slicer（slicer.org）
  » MeshLab（meshlab.sourceforge.net）
  » ParaView（paraview.org）
  » Slic3r（slic3r.org）

註釋： 身體的某些部分因為構造太複雜，無法使用熔融沉積（FDM）技術列印，但是在 3D 雷射印表機（SLS）上是可行的。左圖的頭骨鼻子斷了，是使用 HAWK RIDGE SYSTEMS 軟體和 3D SYSTEMS PROJET 660 印表機，將《MAKE》執行編輯麥克‧色內斯（MIKE SENESE）的頭骨影像列印出來。

假設發生了一點小意外，醫囑要你去做斷層掃描，如果能夠把你的斷層掃描變成3D列印的模型，一定超酷！在美國，因為HIPAA隱私規則的保護，你能合法取得自己的斷層掃描影像。如果向醫生索取數位資料（而不是印出來的影像），你通常會拿到DICOM的檔案格式。以下是從中建立3D模型、列印的步驟：

1.讀取檔案

3D掃描出來的圖檔通常以切層存取，將你的DICOM檔案匯入3D Slicer，打開選單，在「檔案」中選取「新增檔案」，然後點選「選擇檔案切層」，四象限視窗裡就會顯示出整組影像，有XYZ軸的切面，與3D顯示畫面的資料集。

2.分割骨骼影像

從3D立體影像取出解剖結構的過程叫做「圖像切割」，在3D Slicer裡有個最簡單的方法可以做到。在「區域工具」中選擇「點連接」，這個工具就會幫你連接密集度相似的像素，然後你就可以直接儲存這個結果為新的立體影像了。

3.統整表層網格

下一步，你要從整個立體影像的結構取出它的外層影像，由點和三角網格連結而成的3D網格。利用「模型製造模組（Model Maker module）」，選取你新的那個立體影像，並將製造出來的網格存取成STL檔案。

4.檢查、修飾

將STL檔案用MeshLab開開看，確定整個表層的結構都完整妥當。如果還不完美，再打開3D Slicer試一次，在區域工具中找到「進料量（Multiplier）」，並增加原本設定的數值（我們用的是3.5）。

5.後製

從3D影像取出的網格通常都有大量的三角網格，如果在簡化它的表層同時，也想保留住整體的形狀，可以在ParaView使用「大量選取濾鏡（Decimate filter）」，並將「目標縮減（Target Reduction）」調至0.5，使三角網格的數量減少50%。

接著使用「變形濾鏡（Transform filter）」，旋轉你的模型至符合列印的位置，記得，原本的圖像是來自真正的斷層掃描，所以如果有需要的話，得把整個模型按比例縮小。

6.3D列印

將調整好的STL檔案傳送到3D印表機的主程式，並用Slic3r切層以統整G-code，要確定它包含了支撐架（supports）、棧板（rafts）、內部填充（infill），才能完美印出模型，接著就直接列印吧！ ⊘

在makezine.com/projects/3d-print-your-medical-scan有更多詳細資訊、完整的步驟教學以及照片。

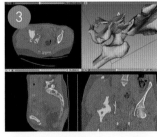

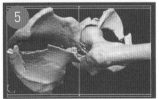

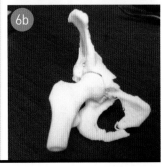

時間：
1~2天
成本：
200美元以下
作者：丹·史班格勒　圖：羅布·南希　譯：Dana

Boat Hitch Table

自製造型桌

用幾百美元做一個可調整高度
的專業造型桌。

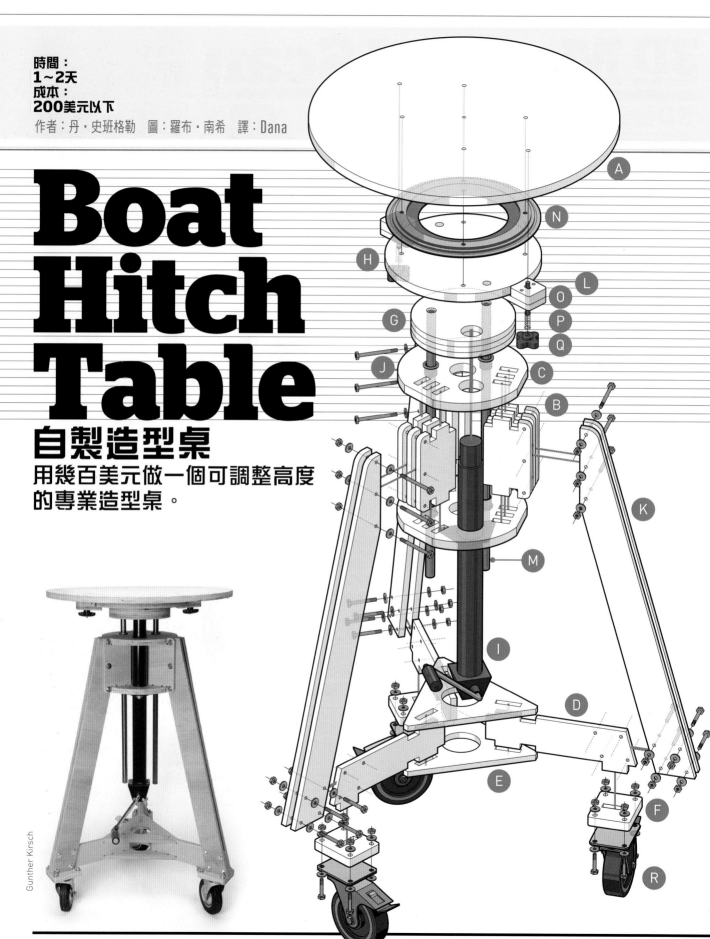

Gunther Kirsch

我老闆是個狂熱的雕刻家，他喜歡重現遊戲和漫畫中的人物與怪物。他不想要花800美元購買一組專業的造型桌，於是便問我能不能在200美元的預算內自己做一張。

我改造一個船用千斤頂，當使用者想調整模型下方的零件時，可以調升檯面，也可以將檯面降到方便組裝的高度。此外，桌面可以旋轉還耐重200磅，不必擔心雕塑使用的黏土材料太重。

我使用Autodesk Inventor畫出3D設計圖，再使用AutoCAD輸出可用CNC切割的零件平面圖，當然也可以手動切割。最後加上5"的腳輪，讓造型桌可自由移動，不會被地上的黏土卡住。

1. 切割零件

從makezine.com/projects/boat-hitchtable下載零件設計檔案，以CNC切割機切割或手工切割。我使用½"和¾"兩種合板，切割前記得確認使用正確厚度的合板。所有切割線都要完整切開，只有桌面 Ⓐ 有6個½"深的盲孔：其中4個直徑為⁵⁄₁₆"，另外兩個為¼"。

2. 製作三腳架頂部

將9個三腳架頂端支架部分 Ⓑ 黏在2個三腳架頂端圓盤 Ⓒ 的插槽中，對齊圓盤卡緊後靜置讓膠水乾燥。

3. 製作三腳架基底

將3片三腳架底板 Ⓓ 黏在2個三腳架底盤 Ⓔ 的插槽中，並在腳架末端黏上腳輪座 Ⓕ 。

4. 轉盤安裝區

將3個墊高圓盤 Ⓖ 和轉盤轉接板 Ⓗ 依圖中方式堆疊並黏起來，注意上面所有的鑽孔都要對齊。

5. 安裝千斤頂和軸承

從三腳架頂部的下方，將千斤頂 Ⓘ 穿過中等大小的洞。確保曲軸向外，固定千斤頂後在三腳架頂部的下方標出安裝孔位置。取下千斤頂，鑽出安裝孔後以¾"長的木樁固定千斤頂。

將凸緣銅襯套壓入三腳架頂部上4個最小的孔洞 Ⓙ ，再用強力膠或樹脂固定。

6. 安裝三腳架桌腳

將一對支架 Ⓚ 卡入三腳架頂端支架的凹槽中。對準鑽孔，再以¼- 20×3"螺絲、墊圈和螺帽固定，重複相同動作來固定3隻桌腳。

現在，將每個三腳架底板插入其對應的桌腳，並用¼- 20×2"螺絲、墊圈和螺帽固定。

7. 架設桌面

用六角螺絲起子將¼- 20螺絲鎖入⁵⁄₁₆"孔中：4個在轉盤安裝區上，4個在桌面下方。使用樹脂將2個螺桿 Ⓛ 黏在桌面下方的¼"孔中。

8. 導桿

小心地將¾"×24"不鏽鋼棒 Ⓜ 敲入轉盤安裝區上的2個小孔，然後將不鏽鋼棒裝入三腳架頂部的銅襯套中。將船用千斤頂的頂部活塞放入轉盤安裝區底下的插入孔，再使用大鐵鎚將活塞敲入孔中。

> **注意：** 不要以鐵鎚直接敲打不鏽鋼棒的末端，這會讓它變形，而無法穿過銅襯套。將木材廢料墊在鐵鎚和不鏽鋼棒之間以緩和衝擊力道。

9. 轉盤

使用¼-20×½"半圓頭十字穴螺絲，將12"轉盤 Ⓝ 安裝於轉盤安裝區上，再桌面固定在轉盤上。

10. 桌面制動裝置

如圖所示，將制動裝置 Ⓞ 的兩部分黏在一起。將一個彈簧 Ⓟ 卡在桌面底部的一根螺桿上，並放上制動裝置，最後加上大螺紋旋鈕 Ⓠ ，另一側同樣重複此步驟。

11. 腳輪

將桌子整個翻轉過來，使用4個⁵⁄₁₆-18×1½"螺栓、墊圈和螺帽，在三腳架每隻腳的底端都裝上一顆大腳輪 Ⓡ 。這樣就大功告成啦！

這個造型桌適用於所有類型的雕刻工作，也可以作為蛋糕裝飾架或喝酒的高腳桌。下次改版時，我打算加裝塑膠或金屬表面以保護桌面，還有可放置黏土和其他東西的工具架與托盤，還能在桌緣裝燈來幫作品打光。🖉

丹‧史班格勒
Dan Spangler
是一位自由撰稿的自造者，他熱愛速度、高電壓和會爆炸的東西。

材料

» 合板，¾"×2'×5'或½"×3'×3'：尺寸自選。
» 12"圓形轉盤：McMaster-Carr（mcmaster.com）網站商品編號#6031K19。
» 凸緣銅製套筒軸承，內徑¾"，外徑1"，長1"（4）：McMaster 網站商品編號#6338K433。
» 精研鋼傳動軸，直徑¾"，長24"（2）：McMaster 網站商品編號#1346K32。
» 有¼-20 穿孔的旋鈕（2）：McMaster 網站商品編號#6092K11。
» 千斤頂，可承重1,000磅：Surplus Center（surpluscenter.com）網站商品編號#1-3958。
» 腳輪，附有剎車和旋轉鎖（3）：Surplus Center 網站商品編號#1-3938。
» 木頭用擴張螺絲，¼-20，長³³⁄₆₄"（8）：McMaster 網站商品編號#92105A100。
» 螺桿，¼-20，長3"（2）：又稱全螺紋螺桿。
» 壓縮彈簧，直徑約½"，長約2"（2）
» 螺帽，¼-20：3"（9）和2"（12）
» 螺桿，⁵⁄₁₆-18×1½"（12）
» 六角螺母，¼-20（21）和⁵⁄₁₆-18（12）
» 純鋼墊圈：¼"（42）和⁵⁄₁₆"（12）
» 木樁，³⁄₈"×¾"（3）
» 六角螺栓，¼-20×½"（8）

工具

» CNC 切割機（非必要）：如果你要用手切割，你需要鑽頭、線鋸機或帶鋸機，以及圓鋸或桌鋸。
» 木膠
» 活動扳手：又稱作月牙扳手。
» 套筒扳手組
» 六角扳手組：又稱作六角鑰匙。
» C 型夾
» 鐵鎚
» 無線電鑽和鑽頭
» AB 膠

在makezine.com/projects/boat-hitch-table下載3D CAD檔案和CNC零件檔案，並分享你的設計吧。

Make: 85

DIY Pickles:
Beets and Grapes

動手醃漬甜菜根與葡萄
文：凱莉・麥維克　攝影：維斯・羅威　譯：張婉秦

用醋醃漬簡單又美味，能保存五花八門的蔬果。

時間：
葡萄：40分鐘
甜菜根：90分鐘
成本：
10～15美元

Pickled Grapes

Ingredients: Red seedless grapes, red wine vinegar, cider vinegar, water, sugar, salt, garlic, ginger, black peppercorn, sichuan peppercorn, spices. Refrigerate after opening. Best by 1/15/2015.
12 oz
WWW.MCVICKERPICKLES.COM

當你聽到「醃漬」這個字，想到的是什麼？用鹽水浸泡的黃瓜？用油醃製的切片芒果？或者是一碗重口味的泡菜？實際上，在全球各地的文化都可以看到醃漬這個傳統作法。印度的醃製芒果嘗起來一點都不像德國酸菜，但是製作過程其實是一樣的。

醃漬是以增加酸度來抑制造成腐敗的微生物成長，過程當中會轉化味道，並保存食物。酸度能經由兩種方式提高：

發酵：這作法是加入鹽巴，並讓食物靜置一段時間，等待有益的細菌將天然的糖分轉化成乳酸。

用醋醃漬：在這過程中，酸度來自於醋。食物放置在以醋為基底的醃料中，能放在任何地方幾個小時到幾個月，然後產生濃郁的香味。

當我還是小孩的時候，在堪薩斯州成長，跟我奶奶、外婆以及媽媽學會如何用醋醃漬。即使我逐漸著迷於各種發酵的做法，每當我想要做幾罐同樣的東西，又不想要冷藏的時候（不論是要拿來當作節日禮物，或是單純為醃漬儲物櫃補貨），最後我仍會回到使用醋的方式。

用醋醃漬的成果比較可預期，因為它能快速「刺激」水果或蔬菜來保存，而不是等著新的細菌產生。而且使用醋醃漬並不會產生益生菌，能原封不動保存大部分的營養。它也很適合保存食物而不需要冷藏——如果你是用下方所提到的薑醃金黃甜菜根食譜，利用水浴法製作罐頭，封存醃漬物，食物在室溫下的保存期限長達一年。

我喜歡這兩道食譜，因為它們展現了醃漬物的多元性，除了黃瓜之外，我們還有很多食材可以拿來實驗、醃漬。葡萄的食譜味道強烈，而且有點辣；甜菜根則散發溫和的甜味，混合

工具

» **梅森玻璃罐，品脫或毫升，兩片式的瓶蓋：**推薦瓶蓋上方有密封按鈕的款式。
» **中型燉鍋**
» **量匙**

罐裝甜菜根：
» **水浴法用的鍋子或是有金屬架的鑄鐵鍋：**容量要大到水能夠覆蓋，並超過罐子2"。
» **夾罐器（非必要）**
» **寬口漏斗（非必要）**
» **起鍋鉤（非必要）**

凱莉・麥維克
Kelly Mcvicker
是麥維克醃漬公司的經營者，製造小批量的醃漬產品，以傳統食譜為基礎，並加入新的味道重新組合。以舊金山為根據地，她也開設體驗課程，教導醃漬方法、製作芥末、舒樂雞尾酒，以及其他居家常用的技巧。

著薑跟醋獨特的味道。這兩道配菜跟奶油乳酪一起食用會非常美味。我喜歡把這兩道食譜與芝麻葉、羊奶乳酪，以及一些醃製的酸醋醬汁混和，製作成沙拉小點。

熱辣醃葡萄

葡萄的果肉紮實並有天然的酸性，柔軟的外皮讓滷汁能快速滲透，很適合拿來醃漬。這道食譜的味道香甜而濃郁，加上大蒜跟月桂葉的提味，散發出乎意料的香氣。如果可以的話儘量量使用八角，它能為舌尖帶來特殊的刺激。

» 3磅紅色無籽葡萄，果肉結實熟成：例如火鳳凰（Flame）或紅寶石（Ruby）。
» 1 ½ 杯蘋果醋
» 1 ½ 杯紅酒醋
» 1 ½ 杯水
» 1 ½ 杯糖
» 2 茶匙鹽
» 3 茶匙花椒或黑胡椒
» 3 茶匙芥菜籽
» 2" 大小的薑，切成薄片
» 2 瓣大蒜，切成薄片
» 3 片八角
» 3 片月桂葉

1. 將葡萄一顆顆摘下，洗淨後平鋪晾乾，放置一旁。

2. 把醋、水、糖還有鹽放入中型燉鍋混和，煮至沸騰，中間不定時攪拌以確實溶解。最後用小火慢煮。

3. 將薑、蒜跟月桂葉之外的香料平均鋪放於罐子中（圖A）。

4. 把葡萄放到罐子中，注意不要壓碎他們，在上方留至少1"的空間。在罐子四周加入剩下的薑、蒜跟月桂葉（圖B）。

5. 把熱滷汁倒入並覆蓋葡萄，將它們全部浸泡其中（圖C）。

6. 蓋上瓶蓋，冷藏之前先讓罐子溫度降至室溫。

7. 食用之前須放置冷藏庫中48小時。這些葡萄可在冷藏庫中保存最多兩個月，味道會隨著時間變得更加濃郁。

薑醃金黃甜菜根

黃甜菜根的味道比紅甜菜根溫和。因為甜菜根味道較重，沒有自然酸度，需要多幾個步驟來完成醃漬。水浴法能形成真空密封，讓食物能耐儲存約一年左右。

» 4 磅小的金黃甜菜根
» 3 ½ 杯白醋
» 1 ½ 杯水
» 1 杯糖
» 2" 大小的薑，切成細薄片
» 20 顆黑胡椒

1. 把一大鍋水煮沸。如果你要製作醃漬物的罐頭，那就要另外準備一個水煮鍋或是大湯鍋，加水煮沸。

2. 切除甜菜根頂端，然後清洗乾淨。將甜菜根放入沸水中煮至變軟，能讓叉子刺穿，約10～15分鐘。瀝乾後用冷水浸泡，停止悶煮。

3. 在中型燉鍋中混和醋、水還有糖，加火慢慢攪拌直到沸騰。

4. 將甜菜根去皮，切成中尺寸的方塊，或是½"厚的球狀（圖D）。

5. 將甜菜根放入乾淨的小型的梅森罐中，頂部保留1"的空間。

6. 將滷汁倒入並完全覆蓋甜菜根，頂端預留½"。用筷子或其他非金屬的工具清除因空氣產生的泡泡，有需要的話，再多加滷汁，但最後仍要預留½"的空間（圖E）。

7. 封緊玻璃罐。用廚房紙巾將瓶蓋邊緣擦乾淨，把乾淨的平鐵蓋放置中央上方，擰上瓶蓋環，感覺到阻力就差不多了。千萬不要擰得太緊，否則空氣在製造罐頭的過程中就無法排出（如果沒有要製成罐頭，罐子一旦冷卻之後，就要馬上放入冰箱）。

8. 用夾罐器或是其他防熱工具，把罐子放入水煮鍋或大湯鍋，加入水完全覆蓋超過1"～2"。煮沸25分鐘（圖F）。

9. 關火並將罐子拿出冷卻至室溫。一個小時過後，按壓瓶蓋中間的凹痕，查看罐子是否密封（如果凸起處的可以被按下去，表示瓶子沒有成功密封，需要冷藏，並於一個月內食用完畢）。

密封瓶可以在室溫下保存一年。打開之後須冷藏，並於一個月內食用完畢。✦

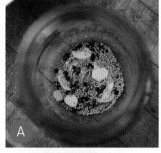

A

B

C

D

E

F

在 makezine.com/DIY-Pickles可以看到更多照片，也可以分享你最喜愛的醃漬食譜。

朱利安納·伯納女士與釣魚擬餌
Dame Juliana Berners and the
Fishing Lure

這位15世紀的英國修女撰寫了一本關於休閒垂釣的技術書籍。

文：威廉·葛斯泰勒／插圖：奈特·范·戴克／譯：張婉秦

威廉·葛斯泰勒
William Gurstelle
是位對《MAKE》雜誌貢獻良多的編輯。他的新書《守衛你的城堡：打造投石器、十字弓、護城河等工具》（Defending Your Castle: Build Catapults, Crossbows, Moats and More）現正發行中。

時間：
2小時
成本：
5~10美元

材料
» 不鏽鋼扁平湯匙
» 玻璃珠，3/8"，紅色（2）：或是挑其他的顏色。
» 鋼絲圈，24線規，長度2'
» 開口環，尺寸4（2）
» 轉環，尺寸10
» 魚鉤，三叉鉤，尺寸4

工具
» 弓形鋸或是附有切割砂輪的旋轉工具：像是電動打磨機。
» 中心衝
» 砂紙、磨具，或是附有磨頭的旋轉工具
» 鑽床或手持式鑽孔機
» 虎頭鉗
» 鑽頭，1/16"、1/8"，以及3/8"
» 尖嘴鉗

休閒垂釣已經存在非常、非常久的時間。許多古代作家都提過這種休閒，隨便舉幾個例子就包括普魯塔克、柏拉圖，以及亞里士多德。但是真正第一本關於釣魚的指導書籍出版於1496年，標題為《論垂釣》（A Treatyse of Fysshynge wyth an Angle），內容包括製作釣具的方式，是本非常簡單的小手冊。令人驚訝的是，作者是一位英國修女。

St. Mary of Sopwell女修道院副院長朱利安納·伯納修女（Dame Juliana Berners）是她那個年代的歐內斯特·海明威——撰寫很多以戶外活動與冒險為主題的書。她最廣為人知的是關於打獵、鷹犬術、用盾徽裝飾的DIY概要，以及《聖奧爾本斯之書》（The Boke of Saint Albans），裡面出現Fysshynge（魚餌的古英文）這個詞彙。

她在開頭說道：「你不可能不用誘餌就把魚鉤放進魚的嘴巴。」然後花了25頁左右的篇幅扼要的解釋如何利用手工具（例如鐵鎚、小刀，跟銼刀）製作魚竿、魚線跟魚餌。

很少關於朱利安納修女生平的可靠消息，而且一些現代的漁業歷史學家懷疑她是不是真的寫了那本書。但是更多的人相信是她撰寫，也讓她獲得「休閒釣魚之母」的稱號。從艾扎克·沃爾頓（Izaak Walton）到嘉達鮑·嘉迪斯（Gadabout Gaddis），她的作品影響了每個主流的釣魚作家。

釣魚不簡單

我們現代要去釣魚是多麼簡單的一件事啊！只要去運動用品店買東西，接著去湖邊就可以了。但是在朱利安納修女的時代，準備去釣魚是個繁複的工作。

首先，你必須做一個可伸縮的魚竿。朱利安納修女建議你去森林中散步，砍一些榛樹、柳樹或是岑樹，最好是在米迦勒節和聖燭節期間，然後將它們浸泡在熱鍋中，接著拉直它們；乾燥一個月後，用燒紅的烤肉叉燒出一個細孔，然後把較小的榛樹魚竿放入細孔中。

製作魚線又更困難了——要從白馬尾巴揪一撮毛，然後編織成一條細繩，最後用胡桃、煤煙和愛爾啤酒製成的染色劑上色。還好製作浮標相對起來簡單多了，只需要一個軟木塞跟羽莖。

朱利安納修女大多是製作假蠅當成擬餌。她描述了12種不同的人工假蠅，例如黃毛假蠅、石蠅、黃蜂造型，以及蜉蝣狀。幾世紀以來提供釣魚同好非常好的建議，製作出真的可以釣到魚的擬餌。

製作擬餌的誘惑

少數現代的製作者會花時間跟精力用亞麻編繞自己的魚線，或將木材雕修成魚竿。但是製作自己的擬餌是完全不一樣的事情。擬餌的製作非常簡單，想像一下用自己做的餌釣到魚當戰利品那種滿足感，還可以順便吹噓一翻。

擬餌成功的關鍵就在於要模仿誘餌動物的動作：

鉛頭鉤是個稍有重量的誘餌，會彈跳或是在漁夫的魚線尾端亂動。

另一種魚餌鉤是會不規則運動的擬餌，通常是小魚的造型。

假蠅則是將羽毛綑紮在魚鉤上，它會像昆蟲一樣停留在水平面上。如同朱利安納修女的手冊中所描述的一樣。

現今最受歡迎的擬餌是匙型擬餌——橢圓形狀的金屬凹處背面設置魚鉤。匙型擬餌丟擲到水中會上上下下搖晃，對魚類來說是很刺激的東西，可以引誘牠們咬一口。

朱利安納修女並不知道匙型擬餌是甚麼，漁業歷史學家認定卡斯爾頓的J.T.布爾約在1820年的時候，設計並打造出第一個匙型擬餌。根據傳聞，布爾之所以有這個點子，是因為他看到一群魚爭相追咬他不小心掉到湖裡的湯匙。

製作匙型誘餌

有各式各樣的湯匙尺寸、形狀、魚鉤尺寸等零件可供選擇。我們製作的成品大到可以拿來釣鱈魚跟梭子魚，要釣小型魚的話則可以製作小一點的版本。

1. 切割湯匙

用弓形鋸或電動打磨機切掉湯匙的握把或握柄（圖1a）。

用磨具、附有磨頭的旋轉工具（簡單的方式），或是砂紙（困難的方式）磨除切割邊緣粗糙的部分（圖1b）。

2. 鑽孔

在誘餌凹處標記放2個珠子的位置。用虎頭鉗夾住湯匙，接著用鋼製的中心衝在標記上打出凹痕。

接下來，分別在珠子的位置上鑽1/16"的定位孔（圖2a）。用手動鑽孔機在湯匙上鑽孔會有點困難，因為鑽頭容易移動。慢慢來，而且開始鑽孔的時候要稍微施加點壓力。替換鑽頭，加大洞孔到1/8"，然後3/8"。

在兩個孔上方跟下方另外鑽四個1/16"的孔來安裝鋼絲。

在湯匙兩端鑽1/8"的孔安裝魚鉤跟魚線（圖2b）。

3. 組合擬餌

將珠子安裝在3/8"洞口，並用鋼絲圈固定它們。把鋼絲穿過玻璃珠及1/16"的洞，最後拉緊並打結（圖3a）。

在魚鉤跟魚線的洞孔上安裝#4開口環。

把一個#4三角鉤安裝到連接魚鉤的開口環。

將一個#10轉環安裝到魚線上的開口環（圖3b）。

去釣魚吧！

記住，每個成功擬餌背後的想法，就是要讓魚覺得這是好吃的東西。你可以用榔頭把魚餌敲出一些凹處，或是稍微彎曲湯匙的前端或後緣，然後藉著水流變換動作。如果你認為這樣會讓擬餌更具吸引力，也可以加上羽毛或顏色。

現在，你已經準備好去釣魚了！

在makezine.com/dame-juliana-berners-and-the-fishing-lure可以看到更多照片，並分享你自己DIY的魚餌。

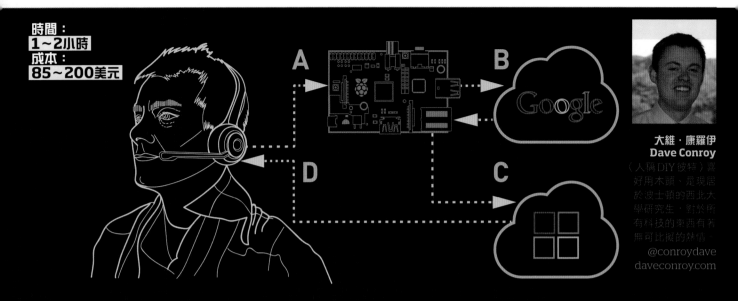

時間：
1~2小時
成本：
85~200美元

大維・康羅伊
Dave Conroy
（人稱DIY彼特）喜
好用木頭、是現居
於波士頓的西北大
學研究生，對於所
有科技的東西有著
無可比擬的熱情。
@conroydave
daveconroy.com

Universal Translator
宇宙翻譯機 文：大維・康羅伊 譯：張婉秦

你說他講：利用Raspberry Pi翻譯千種語言，並附有語音辨識功能。

材料

» **Raspberry Pi 單板電腦：**
Maker Shed 網站商品編號 #
makershed.com。
» **SD 卡，4GB 以上：**可
從 Maker Shed 網站購得
Raspberry Pi 跟 8GB SD
卡的組合（網站商品編號
#MKRPI4 或 MKRPI5）。
也可以考慮 Raspberry Pi
Essentials Kit（網站商品
編號 #MSRPIESS），或是
Raspberry Pi Starter Kit
（Maker Shed 網站商品編號
#MSRPIK、RadioShack 網
站商品編號 #277-196）等套
件組。
» **USB 耳機：**RadioShack 網
站商品編號 #43-256。
» **電池組，4×AA，附有 USB
插座（非必要）：**用於可攜式
版本，RadioShack 網站商品
編號 #270-087。
» **無線 USB 網路配接器（非
必要）：**也就是 wi-fi 組合裝
置，用於可攜式版本。可以
購買我們的 Pi-Fi Bundle，
Maker Shed 網站商品編號
#MSBUN65；或分開購買，
RadioShack 網站商品編號
#25-2966。
» **USB 鍵盤：**哪種都可以，不過
可以參考我們的 Pimoroni 配
件套組，Maker Shed 網站
商品編號 #MKPMR06 以及
MKPMR07。

工具

» **HDMI 顯示器：**用於跟
Raspberry Pi 互動。
» **能上網的電腦：**用以建立免費
線上帳號來跟宇宙翻譯機通訊。

如果你曾經試過跟一個只會說外國語言的人溝通，你就會知道這是多麼困難的一件事——即使有現代化的翻譯網站幫忙，還是很難。這個專題可以將一個39元美元的迷你電腦轉變為功能強大的語言翻譯機，支援語音識別、母語播放，以及千種以上的辭組。不可思議的部分是它只需要平價的硬體、免費的翻譯API（應用程式介面），以及一些開放原始碼的軟體，就能以低價完工。

這個宇宙翻譯機的原理是利用耳機和 Raspberry Pi 的迷你電腦錄製口說片語 Ⓐ；接著利用 Google 的 API 將檔案轉成文本格式以利於語音識別 Ⓑ；這個文本格式會被輸入 Microsoft 的翻譯 API Ⓒ，翻譯成想要的語言，然後再次轉換成口語；最後，Raspberry Pi 將翻譯好的語句傳回使用者的耳機 Ⓓ。

宇宙翻譯機非常適合在週末時製作，它可以教你如何運用一些非常強大的工具來打造一些可立即使用的東西。喔，還有，它也超好玩的。步驟如下：

1. 在 Raspberry Pi 安裝免費軟體，包括處理音效檔的 MPlayer 和 FLAC，以及轉檔用的 Libcurl。

2. 接上 USB 耳機，作為 Raspberry Pi 的聲音輸出／輸入裝置。

3. 下載並上傳程式碼，包括一個程式化腳本碼（shell script）和兩個 Python 腳本碼。可於 Github 網站（github.com/dconroy/PiTranslate）免費下載，並依照個人喜好使用、修改。

4. 線上註冊 GOOGLE 語音跟 MICROSOFT 翻譯 API，網址分別是 cloud.google.com/console 以及 datamarket.azure.com/developer/applications。然後將 API 金鑰密碼分別輸入 Python 程式碼中。

5. 開始使用吧！翻譯機的預設是從英文翻成西班牙文。你可以在 text-to-translate.py 最後一句輕易地改變原始語言跟目標語言，指令檔會接著處理。執行語音轉文字的程式碼：

```
./stt.sh
```

對著耳機麥克風說：「My hovercraft is full of eels」，然後按下 Ctrl-C。

Raspberry Pi 在命令行顯示回應：「Translating 'my hovercraft is full of eels'」。接著就會將翻譯好的句子傳到你的耳機：

「Mi aerodeslizador está lleno de anguilas.」

好好享受吧！ Ⓝ

在 www.makezine.com.tw/make2599 131456/179 上有完整的步驟說明、編碼跟影片。

Make-an-Entrance
Party Doorbell

文：麥特・理查森
譯：張婉秦

「貴客光臨」派對門鈴

利用聰明的無線感測器以及Raspberry Pi 讓客人選擇他們想要的音效。

時間：
1～2小時
成本：
140～200美元

**麥特・理查森
Matt Richardson**

（mattrichardson. com）同時撰寫了本期 第24頁的〈Raspberry Pi的心臟〉一文。他的書 《Raspberry Pi新手入門》 與《BeagleBone新手入 門》已經在makershed. com網站上銷售。

材料

» **Raspberry Pi 單板電腦，
B 或 B+**：Maker Shed （makershed.com）網 站商品編號 #MKRPI2 或 MKRPI5，安裝 Raspbian 最新版本並連結上網路。

» **SD 卡，4GB 以上**：可 從 Maker Shed 網站購得 Raspberry Pi 跟 8GB SD 卡的組合（網站商品編號 #MKRPI4 或 MKRPI5）。 也可以考慮 Raspberry Pi Essentials Kit（網站商品 編號 #MSRPIESS），或 是 Raspberry Pi Starter Kit（Maker Shed 網站 商品編號 #MSRPIK、 RadioShack 網站商品編號 #277-196）等套件組。

» **EnOcean Pi RF 模組**： 購自 Element 14 網站 （element14.com）。美 國／加拿大選擇 902MHz 版本，歐洲／中國選擇 868MHz，亞洲其他地 方（不包括中國）則是 315MHz。

» **EnOcean 感測器組合**：購 買於 Element 14。這個組 合包括動能按鈕開關模組、 太陽能發電的磁力彈簧開 關，以及溫度感應模組。一 樣依據地區選擇 902MHz、 868MHz，或 315MHz。

» **En-Ocean 動能開關**：購買 EnOcean 感測器組合，或 參考 makezine.com/go/ enocean-rocker 說明，3D 列印你自己的開關模組。

» **USB 電源充電器**
» **電腦揚聲器或音響設備**
» **安裝補土**
» **白板，小的（非必要）**：當門 鈴標誌使用。這邊可以自由發 揮，使用別的材料。
» **安裝膠條**

工具

» **USB 鍵盤**，Maker Shed 網 站商品編號 #MKPMR06， 或 MKPMR07。
» **USB 滑鼠**
» **HDMI 顯示器，並支援音訊 功能**
» **電腦**

下次辦派對的時候，讓客人選擇自己的入 場音樂吧！「貴客光臨」派對門鈴是一個有著 四個按鈕的無線門鈴。客人可以選擇（你預錄 的）皇家樂隊的號角吹奏、重金屬音樂、星艦 迷航記主題曲，或是運動迷的歡呼聲。當他們 按下按鈕，屋內會聽到普通的鈴聲，可是一開 門，就會播放客人選擇的音效。

這個專題的重點是 Raspberry Pi 以及 EnOcean 感測器組合裝置。這個裝置很巧 妙，不需要電池，只需要利用無線感測器和 按鈕。按壓門鈴按鈕所產生的壓力動能被用 來傳送無線訊號到 Raspberry Pi 選取音效； 而太陽能發電的觸控感測器接著發出訊號，通 知 Raspberry Pi 門已經被打開了，進而指示 Raspberry Pi 播放對應的音效。

改變入場音效就跟變換 WAV 檔案，或是改 寫白板上的東西一樣簡單。你的朋友肯定會引 頸期盼你下一場派對。

1. 設定收發器模組跟FHEM伺服器。將 EnOcean 收發器接到 Raspberry Pi I/O 針腳。依照 makezine.com 專題網頁所述， 更新 Raspberry Pi 的軟體及固件，接著 安裝開放原始碼的家庭自動化網路伺服器 FHEM。

2. 測試FHEM。找出 Raspberry Pi 的IP 位址，接著打開電腦瀏覽器到 http://<RPi-

IP-Address>:8083/fhem。你會看到與 Raspberry Pi 相連的 FHEM 網路伺服器。 測試 EnOcean 開關，然後你就可以在網頁上 看到它們的狀態變化。酷！

3. 下載程式碼以及音效檔。Python 原始碼 會經由遠端登錄連接上 FHEM，然後執行 FHEM 從 EnOcean Pi 模組上偵測到的所 有動作。你只需要找 4 個有趣的 WAV 音效檔 當入場音樂，以及第 5 個當門鈴音樂。可以從 Freesound.org 上找到很多好音效。

4. 安裝感測器。把 EnOcean 動能開關用安 裝膠條黏在白板上，並根據你的主題做些裝 飾。將觸控感測器連結到門框，而磁力彈簧 開關連接到大門。

5. 最後的修飾。編輯 Raspberry Pi 的 crontab 指令，並重開來啟動派對門鈴的 腳本程式碼。移除鍵盤、滑鼠還有螢幕，將 音效系統接上 Raspberry Pi 的 同步音效輸出口。 你獨有的「貴客光 臨」門鈴已經準備 好要一起狂歡了。

在 www.makezine.com.tw/make2599 131456/181 上有完整說明、編碼跟影片。

Smithsonian

The Kit
That Launched the
Tech Revolution
開啟科技革命的裝置

1975-2015，Altair 8800微電腦 40週年。

文：弗里斯特‧M‧密馬斯三世　譯：張婉秦

愛德‧羅伯茲，MITS 的總裁兼總工程師。我在愛德的辦公室拍下這張照片，距離比爾‧蓋茲幾年後的所在地只有 20 英尺之遙。

弗里斯特‧M‧密馬斯三世
Forrest M. Mims III

（ forrestmims.org ），是一位業餘科學家和勞力士獎得主，曾被《Discovery》雜誌評選為「科學界50大人才」之一，他的著作已在全世界銷售超過700萬本。

在1975年的時候，個人電腦、筆記型電腦以及平板電腦都只是個夢。當時，電子愛好者正在為1975年一月發行的《大眾電子》（ Popular Electronics ）雜誌而瘋狂（圖Ⓐ）。雜誌封面有一個金屬盒子，上面寫著「 Altair 8800」的標籤下方有幾排彈簧開關跟LED。照片上方有個顯著的標題─突破性的發展：世界上第一臺微電腦套件與商用模組的競爭。雖然Altair 8800以現今的標準來看還很原始，但是一般公認它為個人電腦的始祖。

Altair電腦是由微儀系統家用電子公司（ Micro Instrumentation and Telemetry Systems，MITS ）所開發，公司位於新墨西哥州阿爾伯克基，而且幾近破產。公司總裁兼總工程師是已逝的愛德‧羅伯茲（圖Ⓑ），是個實際又有遠見的人，從高中時代就想要打造一臺屬於自己的電腦。

每次我瀏覽《MAKE》雜誌的時候都會想到MITS與《大眾電子》。將來會從雜誌中出現甚麼革命性的東西嗎？也許Altair能啟發你將夢想變成下一個大發明。

MITS 的故事

MITS成立於1969年，當時羅伯特‧賽勒（ Robert Zaller ）、史丹‧卡格爾（ Stan Cagle ）跟我在愛德‧羅伯茲於阿爾伯克基的家碰面（圖Ⓒ），討論合開一家生產模型火箭閃光器的公司。我曾在1969年9月出版的《模型火箭》（ Model Rocketry ）雜誌（圖Ⓓ）提過這樣產品，那篇文章開啟我的作家生涯，但是愛德有其他更遠大的抱負。

在銷售幾百個火箭裝置之後，1970年夏天，我們決定嘗試新的東西。那年春天，我已經為《大眾電子》寫了第一篇文章，是關於LED的專題報導。當我問他們是否想要配合專題報導多寫一兩篇LED光波通信的專題跟裝置，答案是好。所以愛德跟羅伯特設計了一個原型，命名為Opticom，它可以傳送聲音到1,000英尺遠的地方，《大眾電子》在11月的時候發表了這兩篇文章。

沒多久，我就離開了MITS成為全職的作家，愛德則持

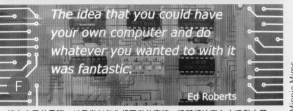

The idea that you could have your own computer and do whatever you wanted to with it was fantastic.

Ed Roberts

擁有自己的電腦,以及做任何你想要做的事情,這種想法實在太吸引人了。

續發展電腦。他第一個數位電腦裝置 MITS 816 也成為《大眾電子》的封面故事。所有的事情都很順利,直到來自日本強大競爭力的衝擊。1974 年的時候,MITS 幾乎破產。

那年夏天,MITS 與《大眾電子》的關係為公司帶來援助。1974 年 7 月,《大眾電子》最大的競爭對手《無線電電子》(Radio-Electronics)的封面故事刊登了一個突破性的產品:,由喬納森・蒂圖斯(Jonathan Titus)設計的 DIY 微電腦 Mark-8,採用了 Intel 8008 的 8 位元微處理器。文章同時提供了手冊跟印刷電路板,雖然還沒有完整的套件,不過 Mark-8 確實點燃了煙硝戰火。

ALTAIR 8800

《大眾電子》編輯亞特・薩爾斯伯(Art Salsberg)以及技術編輯萊斯・所羅門(Les Solomon)知道愛德・羅伯茲跟 MITS 的工程師比爾・葉茲(Bill Yates)正在研發新的微電腦專題,而且採用更高階的處理器 Intel 新款 8080 晶片。他們同意要把這當成封面故事。

一天晚上,愛德打電話問我可不可以去看一下他們第一款的原型,我就跳上腳踏車,騎了 5 個街區到 MITS。愛德跟比爾站在工作臺旁邊,上面有個跟厚重公事包差不多尺寸的金屬盒子。正面的面板上有排列整齊的開關與 LED。掛在牆上的是比爾為這盒子裡的 PC 板所設計錯綜複雜的布局圖。

愛德讓我靠近看看,然後問說:「你覺得這可以賣出幾臺?」根據 MITS 之前火箭裝置模型、Opticom,還有電腦的銷售量來看,我對這臺只有骨架的電腦,並沒有很樂觀會賣得多好。所以我回答說最多幾百臺。

愛德聽到我的回應後有點沮喪,因為他很有信心這臺電腦可以輕易賣出上百臺。但是我們都錯了。在《大眾電子》刊登 Altair 8800 文章之後的幾個月,MITS 賣出了上千臺 Altair 的裝配跟套件。即便早期的 RAM 只有 256 位元,而且面板上只有開關跟 LED,根本沒有鍵盤或是顯示器,這個基本的套件售價仍然要價 439 美元,大約等同於現在的 1,925 美元。

自製 ALTAIRS 和其他老電腦

Altair 8800 現在有更新版本,持續受熱情的電腦歷史學家、工程師與愛好者所關注。藉由網路上複製的 Altair 套件、PC 板跟組裝版本,你可以分享他們對個人電腦最早時期的熱情。

經典電腦的收藏家瑞奇・西尼(Rich Cini)設計了早期電腦的複製 PC 板,包括 Altair 8800。同時他也開發了一款程式設計師會有興趣的 Altair 模擬器(classiccmp.org/altair32)。西尼大力推薦 S100computers.com 以及 N8VEM 自組電腦平臺(makezine.com/go/n8vem)。這些網站擅長改裝 PC 板,使之與 S-100 匯流排相容,那是愛德・羅伯茲設計用來與原始 Altair 8800 的板子互連。

格蘭特・斯托特力(Grant Stockly)(altairkit.com)與麥克・道格拉斯(Mike Douglas)(altairclone.com)販賣 Altair 複製套件,還提供客製化的機殼,完全複製原本 Optima 的外殼,連小細節都不馬虎。道格拉斯販售的價格也很特別,439 美元,跟 MITS 一開始販售的價格一樣,即便 1975 年的 1 美元等同於現在約 4.50 美元,它也絲毫沒有漲價。

ALTAIR 傳奇

電腦需要編碼語言跟程式,而保羅・艾倫(Paul Allen)非常清楚這件事情。所以當他在哈佛廣場的報攤「Out of Town News」看到 Altair 在《大眾電子》的封面上,馬上買了雜誌並衝去當時比爾・蓋茲  住的哈佛宿舍。艾倫和蓋茲馬上聯繫了愛德・羅伯茲,他們的合作也促成了微軟的成立。MITS 是他們第一個客戶。

愛德的 Altair 和微軟版本的 BASIC 程式語言掀起了科技革命,很快地,蘋果、RadioShack、IBM,以及其他廠牌陸續推出個人電腦,Altair 功不可沒。當時愛德給我寫文章用的 Altair,現在收藏於史密森尼學會。

了解更多

» 〈Altair 的故事:MITS 早期的發展〉(The Altair Story: Early Days at MITS),弗里斯特・M・密馬斯三世著作,《Creative Computing》雜誌 1984 年 11 月出刊,makezine.com/go/cc-altair。

» 《有創意的人》(Idea Man),保羅・艾倫著作,《Make》英文版 Vol.27 有相關評論,makezine.com/review/startups。

» 啟動畫廊(StartUp Gallery)(圖F)隸屬於阿布奎基市的新墨西哥自然歷史科學博物館,startup.nmnaturalhistory.org。開幕儀式的時候(圖G),明妮・米姆斯(Minnie Mims)拍攝這張照片:保羅・艾倫(右邊)與 MITS 創辦人愛德・羅伯茲(坐著)、弗里斯特・米姆斯(左邊),以及羅伯特・賽勒。

EASY

GLOWING RECOMMENDATIONS

文：查爾斯·普拉特　譯：謝明珊

指示燈大集合
利用老零件增添作品的趣味。

想一下簡單的電子裝置——數位開鐘。數位開鐘盡本分以四位數字向大家報時，卻讓人覺得沒有靈魂，難怪收藏家還是著迷於手工製作的真空管時鐘：氣體放電管所發出的光，更添一股超自然氣息，相形之下，埋頭苦幹的數位電器，徒有七段數字顯示器，顯得有點呆板。人就是喜歡稀奇古怪的老東西，在黑暗裡發光更是迷人。

最近我在撰寫《電子零件百科全書》第二冊，裡頭提到一些發光裝置。我翻閱零件目錄並搜索家中的地下室，意外發現古怪的顯示器和指示燈，它們可以讓新專題更有吸引力，大家看到會停下來說：「等一下，這是什麼？」

炙熱的白熾燈

很久以前還沒有LED時，微型燈泡當道。我

很驚訝現在還買得到，各式電壓俱全，有些甚至不到1美元。圖 Ⓐ 的樣品相當小，直徑只有3mm，尾端有兩根小插針，可插入麵包板。圖 Ⓑ 的燈泡也差不多大，導線很細。不然也可以選擇圖 Ⓒ 的旋轉基座，燈泡壞了方便替換。這些白熾指示燈的電壓都是5V直流電（或5V交流電，並沒有很講究）。

白熾燈泡的流耗比LED高一點，使用壽命只有25,000小時，而非50,000小時，但不需要串聯電阻，也不用擔心極性的問題，還會發出特殊的淡黃色光輝。

上網搜尋「白熾燈泡」的目錄，你會找到五花八門的好東西。

更炫的霓虹燈

「霓虹燈」可能令人想到拉斯維加斯，但我仍會想到指示燈。霓虹燈泡就是氣體放電管，以

Ⓐ 芝加哥指示燈（Chicago Miniature Lamp）商品編號 #7683，5V，60mA，壽命 25,000 小時

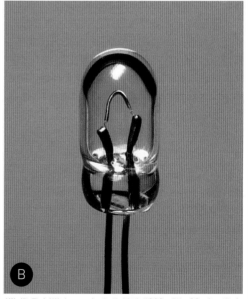

Ⓑ JKL燈具（JKL Lamps）商品編號 #638，5V，60mA，壽命100,000 小時。

查爾斯·普拉特
Charles Platt

著作有老少咸宜的入門書《Make: Electronics 圖解電子實驗專題製作》和續集《應用電子學實驗專題》。他也是《電子零件百科全書》第一冊的作者，第二、三冊正在籌備中。
makershed.com/platt

C

JKL 燈具商品編號 #7319，5V，115mA，壽命 40,000 小時。

D

這款帶有裝飾用電子的霓虹燈已停產，但以前生產出來的產品，壽命可達幾十年。

相對較高的電壓（80V以上）把氣體離子化，進而發射光子。霓虹燈並不是極亮，放電管只會有一種顏色（橘色），充滿懷舊情懷。市面上有小型、中型或最大型，以極富幻想的外型，包裹住無數的電子，例如圖 D 的霓虹燈是我在跳蚤市場買到的。圖 E 的小燈更實用，直徑大約0.6公分，而且預附串聯電阻，電壓是110V交流電，但幾乎不太耗流，利用最小的5V直流電固態繼電器即可開關。

小心110V電壓：稍有配線差錯，你的數位零件就會全毀，甚至要了你的命。

多段顯示器

七段顯示器LED只能顯示數字，但不能顯示字母，於是製造商特別增加幾段以符合市場需求。只可惜16段字母顯示器太難辨識，令人不忍卒賭，現在幾乎沒有使用，因此成了懷舊商品，例如圖 F 顯現字母N，高度約有2公分。如果把8個16段顯示器組合起來，可以透過Maxim MAX6954等控制晶片多路傳輸，16段字母表則儲存在ROM。

怪裡怪氣的綠色16段顯示器，瀰漫著1990年代的氛圍，不妨拿來製作算命玩具，每次隨機顯示一個字。說不定可以讓一些區段失靈，營造出

E

索倫生（Sorenson）商品編號 #9950-X-00000-0002，最大 125V，其他細節不清楚。

律美（Lumex）商品編號 LDS-FB002RI，2.2V 正向電壓，25mA 正向電壓。

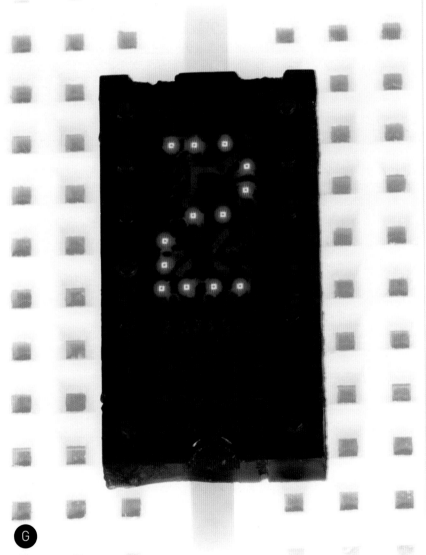

德州儀器 LED 數字顯示器，編號編號 TIL311，5V 直流電，100mA。

閃爍效果，曖昧不明，惹得人窮擔心，心想到底是什麼字，HOPE（希望）還是 NOPE（不）呢？會不會是 COPE（妥善處理）？

不妨試著安裝震動感測器，拍一下就會恢復正常。打造假裝失靈的懷舊玩具，可以開啟不少可能性。

時髦的晶片

LED 數字顯示器 TIL311，正是德州儀器（Texas Instrument）1972 年所設計的產品，輸入 0000 至 1001 的二進位數字，依照其內部邏輯，即會顯示 0 至 9 的十進位數字。LED 內建限流，不需要解碼器，也沒有麻煩的序列通訊協定，只要從零件計數器或微控制器，直接驅動那四個輸入端，馬上就會輸出毫無異議的數字。如果真的想搞怪，這晶片可利用字母 A 至 F，來顯示 16 進位數字。

這營造出還不賴的點矩陣風格如圖 G，主體是半透明紅色塑膠，可以看穿裡面的導體。鍍金的插針，有著時髦的外型，宛如廉價的珠寶，說是穿戴式電子裝置也不為過。

德州儀器已停產這款顯示器，所以變得很稀有，大家爭相收藏，美國供應商甚至喊價到 20 美元。幸好透過 eBay 線上購物，能夠以四分之一價格從亞洲購得，我很好奇這些玩意怎麼會流落到中國，大概是從 1970 年代的報廢微電腦抽出來的吧。我買到一堆，現在市面上應該還剩下一些。

科莫多（Commodore）電子計算機，型號 **7980**。

螢光顯示器

　　大約1973年，我父親買來最早的科莫多（Commodore）計算機。我最近意外發現它，打開後一看，它的真空螢光顯示器（VFD）令我驚艷不已（圖 **H** ）。9個小數字就藏在日本製的密封管中（遙想當時，毛澤東還在統治中國，就連蓋房子都有問題了，更枉論製造電子產品）。

　　這個顯示器的電壓大概是20V，但內含計算晶片的鍵盤介面，電壓則是5V直流電，不妨另做其他用途，像是微控制器的輸出顯示。只要隨著導體從按鍵傳輸到晶片，杜絕殘影並創造新的連接方式。如果你不像我如此幸運，可以從父親那裡繼承古色古香的顯示器，網路上每個大概只賣5美元，這縱然有1970年代的特殊風格（圖 **I**），卻尚未被視為收藏品。

　　我相信你還會想到其他特別的指示燈，來提高下一個專題的格調。無論你打造出什麼東西，神祕而失傳的發光技術，絕對會為你的作品增光不少。 ◐

別以為這是垃圾，真空螢光顯示器搖身一變，就是吸引人的微控制器輸出裝置。

FUN with FLEXIBLES

彈性線材好好玩
教你如何駕馭彈性物質。

文：麥特・史塔茲　譯：謝明珊

近年來，桌上型3D列印市場出現了不少新材料，讓自造者有更多的發揮空間，不僅有可溶解的支撐材料，也有仿木頭、仿石頭和仿金屬的塑膠材質，甚至有導電性線材。彈性材料也是大受歡迎的選項，可拉長、可彎曲，就像橡膠一樣。彈性材料如同其他線材，也有五花八門的廠商和種類。以下說明彈性線材的使用注意事項。

限制路徑

使用彈性材料的第一個條件，就是擠出頭的固定路徑，從線材離開驅動齒輪那刻起，直到進入噴頭的容器為止，都要順著既定的路徑。Printrbot出產的鋁製擠出頭（Alu Extruder）就有這種設計，驅動齒輪後面連接著金屬導套，讓線材直接來到加熱桶（圖Ⓐ）。

大多數擠出頭都是針對堅硬線材而設計，直接對線材施壓，讓線材通過噴頭，但是換成彈性線材就會有問題，因為彈性不利於產生背壓，也就無法順利擠出。

升級擠出頭

YouMagine和Thingiverse等網站，都有教大家升級擠出頭的零件，讓你繼續使用現有的器具列印彈性線材。此外，LulzBot亦販售可抽拔擠出頭Flexystruder（圖Ⓑ）。

打「印」趁熱

為了降低柔軟線材通過噴頭所需的壓力，擠出頭的溫度最好高一點。雖然賣家所建議的列印溫度不一，但我傾向調高。溫度愈高，線材愈像液體，更容易在噴嘴流動，缺點是可能邊流邊漏，但只要拉長回抽距離，就可以解決這個問題。

慢慢來

最後，列印速度絕對要慢（大約30mm/秒）。列印太快會給擠出頭造成壓力。擠出頭快速移動，彈性線材也容易異常彎曲，導致列印錯誤和品質低落。

彈性測試

我們測試四種彈性線材，涵蓋了一系列彈性係數（圖Ⓒ）。我測試了Zen Toolworks

麥特・史塔茲
Matt Stultz

是一位社群組織者，同時也是HackPittsburgh和3D Printing Providence的創辦人，由於具有專業軟體開發者的背景，使他樂於成為一位自造者！
3dppvd.org

Ⓐ Printrbot出產的鋁製擠出頭。

Ⓑ LulzBot可抽拔擠出頭Flexystruder。

Caleb Kraft

Matt Stultz Photography

Aleph Objects, Inc.

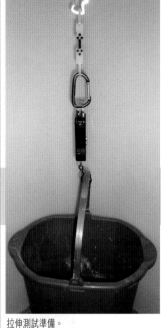

拉伸測試準備。

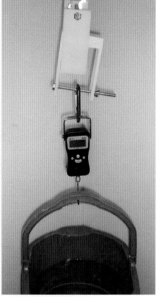

承壓測試準備，後壓。

Smithsonian

Flexible、NinjaFlex、Filaflex和Flex EcoPLA（由左至右）。

為深入瞭解線材的「彈性」，我們用四種線材列印相同的測試品，然後進行兩場實驗，來測量彈性的諸多面向。

承壓測試

把填充設定為10％並借助兩個外殼，列印出直徑20mm、高度50mm的圓筒，置於試樣架上，一邊連接橫桿，另一邊連接秤子和砝碼。慢慢把水倒進籃子（做為砝碼）增加重量，直到列印成品變形毀壞。記錄下砝碼的重量，並重複相同的步驟，確認數值的正確性。

拉伸測試

這裡測試列印出來的「狗骨頭」，中間部分30mm×5mm×5mm。狗骨頭放在試樣架上，砝碼重量固定為10公斤或4公斤，置於底部架子上，來延伸做為試樣品的狗骨頭，砝碼施以拉力後，測量伸展的長度，並計算伸的比

列印溫度和表面

這些彈性線材的最佳列印條件，藍色膠帶所覆蓋的列印平臺應為下列溫度：

線材	溫度	網站
Zen Toolworks	220°-230°C	zentoolworks.com
NinjaFlex	210°-225°C	fennerdrives.com/ninjaflex
Filaflex	220°-230°C	recreus.com
Flex EcoPLA	210°-225°C	makergeeks.com/flecna1.html

測試結果

線材	承壓測試 砝碼重量	拉伸測試 10kg	拉伸測試 4kg
Zen Toolworks	9.98kg	132%	124%
NinjaFlex	1.86kg	Over	262%
Filaflex	4.19kg	Over	327%
Flex EcoPLA	14.04kg	147%	181%

率。

結語

在拉伸測試，NinjaFlex和Filaflex超出測試臺的極限10公斤。如果你喜歡柔軟有彈性的材料，挑選這兩種準沒錯。

Zen Toolworks Flexible和FlexPLA適合列印可彎曲但彈性差的物品，例如時規皮帶。

目前最受歡迎的似乎是NinjaFlex（相容於ABS和PLA，也是它的特色），但機智的自造者可以發現這四種彈性線材其實各有妙用。◉

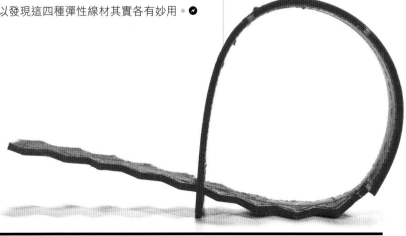

TOOLBOX

M12
無線電鑽/
起子

99美元：milwaukeetool.com

    Milwaukee的12V、$^3/_8$" 電鑽/起子體積小，重量只有2.5磅，握感符合人體工學，好像專為我的手而設計的。

    這款電鑽轉力很強，導致我在測試過程中不小心轉斷幾個螺絲。將離合器功率調低可防止這種情況。

    啟動鈕附近有LED可顯示即時剩餘電量。內建智慧型電池保護裝置，過載時會關閉電源，還可省電。

    我強烈推薦這款電鑽給在車庫工作的自造者。

—丹·史班格勒

LEATHERMAN LEAP
給兒童使用的多功能工具
54 美元:leap.leatherman.com

Leatherman 專為9歲以上孩童設計這款多功能工具「Leap」。喜歡露營、自造和DIY活動的孩童會明白這不是玩具,而是真正的多功能工具組。

當然使用時仍需成人監護,因為Leap內有伐木鋸。Leap有一個圓形的鼻刀刀片,當家長認為孩童準備好並懂得如何安全使用後,可安裝讓孩童使用。刀片安裝好後可用雙手開啟,並借由握把來安全、正常地使用。

Leap沒有任何捏點或尖銳的邊緣——至少我們沒有找到。Leap設計精良,適用於孩童的小手。

—史都華・德治

Gunther Kirsch

LAGUNA
14|TWELVE
帶鋸
1,097 美元:

lagunatools.com

以高品質木工工具聞名的 Laguna Tools 最近推出給DIY/消費者使用的帶鋸。14|Twelve內建強大的1¾ HP馬達、快釋刀片張緊器、拋光21"×16"工作桌和好用的護欄。

這款帶鋸的有效外伸長度為13⅝"(扣除護欄後為12¼"),除了很大型的裁切任務,其他所有作業皆可處理。它的適手性與同廠牌其他較昂貴的機型相當。此鋸的轉速最適合裁切木材,但換用雙金屬刀葉後,也可用於裁切¼"厚的鋁和塑膠板、各種大小的木材、電路板和幾乎所有東西。

—羅伯特・比蒂

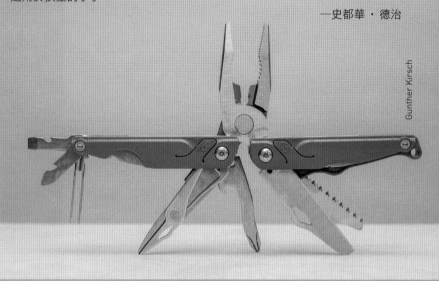

FLIR E4
熱造影器
995美元:flir.com

Flir E4熱造影器要價995美元,非常容易上手。它沒有高端機型的高解析度或複雜的功能,但透過Flir MSX增強技術,可提供80×60像素的清晰熱造影。該功能會增強獲得影像的細節和對比,最終影像的視覺效果遠超越規格書上的規格。

—SD

NORD-LOCK「楔式」墊圈

一包20個小墊圈售價13美元：nord-lock.com

如果你的項目涉及馬達或運動，像滾動、走動或飛行設計，你應格外注意所用的固定零件。不論剛開始鎖得多堅固，震動都會讓零件慢慢鬆動。

NORD-LOCK楔式墊圈可放於固定零件和想固定的原件之間，形成幾乎防震的接面。雖然我仍然會定期檢查固定零件，但我發現NORD-LOCK墊圈的效果非常好。

—SD

比VELCRO更好的 SCOTCH Extreme緊固件

價格不同：mounting.scotchbrand.com

3M的專利雙核鎖緊固件雙側都採聯鎖「釘子頭」的設計。我喜歡這個設計，因為它的強度更高（承載力達2磅/平方英寸），也比鉤形和環形耐用。3M公司也有推出傳統的鉤環緊固件，如Scotch Extreme和Outdoor這兩種產品線的雙鎖工具。

—科思・哈蒙德

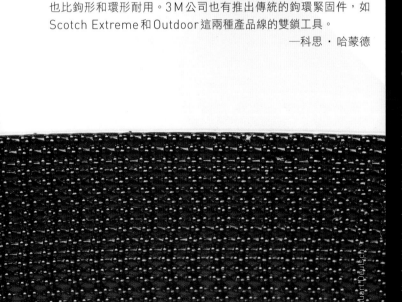

INTEL EDISON

含分線板75美元：makershed.com

英特爾的Edison剛開始出貨，這是郵票大小的Linux電腦模塊平臺。這塊電路板本身的規格強大，包含雙核心、雙線程500 MHz Atom處理器和一個可處理即時功能的32位元100 MHz的夸克微控制器。它有1GB的RAM，4GB的板載快閃記憶體、無線網絡連接、藍牙和40個GPIO針腳可與使用者的硬體連接。

英特爾提供兩種分線板：一種與Arduino針腳相容；另一種更小，供高級硬體研發人員使用。該公司預測製造商會用這個微小電腦建造物聯網和可穿戴式電腦產品。

—麥特・理查森

LOGI-PI

90 美元：element14.com

雖然它們的功能強大，但一開始使用FPGA開發板是有一定的難度，開發環境的設定並不容易。不過現在有了Raspberry Pi的LOGI-PI附加板，你可以馬上啟動且使用。它的Spartan-6 LX9晶片很好用，可即時操控機器。LOGI-Pi的開發者不僅提供一些開放原始碼的例子讓你使用，還提供API，這樣你就可以使用C、C++或Python程式語言。

—MR

入門
機械控制與實作練習──
藉由製作四軸吊臂學習設計機械裝置

岡田昌樹

420 元　馥林文化

使用順序控制的產業設備可說是五花八門、種類繁多，舉凡汽車、食品、飲料的生產線；纖維、半導體的製造設備，或者洗車機、停車管理系統這些隨處可見的裝置等都有用到順序控制。順序控制不僅會使用在大型生產線上，也會用在一些單獨的裝置上，也可以使用在可程式邏輯控制器（PLC）數位電子設備的控制電路上。

本書經由四軸吊車裝置的開發與實作，讓大家學到順序控制、機電整合、機械設計的基本要素等。是一本藉由實際練習與製作來學習 PLC 使用方式的一本書。

3D繪圖與電路板設計：
DesignSpark系列軟體指南

謝宗翰、翁子麟

380 元　馥林文化

DesignSpark為RS Components公司推出之系列軟體，分為可繪製電路圖的PCB以及繪製3D物件的Mechanical。本書分為上下兩卷分別介紹這兩個軟體。DesignSpark PCB軟體介紹單元，可為你打下電路設計的基礎，從各式基礎電子元件介紹，到軟體自動布線與參數設定，以實務經驗角度分享繪製印刷電路板所需的相關技術；DesignSpark Mechanical軟體則具有直覺化設計流程，引領你從基礎3D建模開始，逐步繪製幾何物件與機械零件，讓3D列印成品趨近完美！

本書優點在於使用DesignSpark系列軟體，軟體鍊之間整合性高，在轉檔出圖過程中更順暢，可直接生產實體的電路板，並可使用3D印表機直接列印成品。

印出新世界：
3D列印將如何改變我們的未來

霍德‧利普森、梅爾芭‧柯曼

380 元　馥林文化

3D印表機這種價格低廉的機器已從一般工廠進入家庭、辦公室、學校、廚房、醫院，甚至是時尚伸展臺。所有奇妙的事情都在你將3D印表機接上現今令人驚嘆的數位科技時發生。再加上網路與小體積且低成本的電子電路，加上目前材料科學與生物技術的進步，便產生了一波社會與科技的新革命。而這一臺（幾乎）可以製作任何東西的機器，將如何改變我們的生活、法律，以及經濟？

這本書讓讀者們對於「3D列印的科技將如何改變我們的生活？」這問題具有更多不同的看法。藉由與各領域的專家及長達上百小時的訪談研究，讓這本書提供給讀者從現在到未來，更多有關3D列印的資訊。

3D Printing Handbook：
使用並認識用於自我表現的新工具

平本知樹、神田沙織

320 元　馥林文化

現在3D印表機備受矚目，不僅因為它的價格不再高不可攀，也因為許多人漸漸對於購買、使用、製造等行為的看法有所改變。

本書內容除了包含3D列印的方式、所需資料、精密度以及耗材種類等3D印表機的各種基礎知識，還有3D建模的基本概念，讓你跟著步驟在已公開的iPhone手機殼模型上加入簡單的文字與圖形，製作出專屬的iPhone手機殼。也有如何使用網路應用程式製作首飾與配件的方法，以及個人用3D印表機列印的實際範例。

藉由本書可以了解如何將數位與實體結合，並將3D印表機當作自我表現的工具，並且收錄f.Labo創新工坊的小林茂和FabLab Japan發起人田中浩也的訪談。透過作者的3D印表機使用報告，了解如何活用3D列印，並嘗試製作出要做及想做的東西。

SPECIAL OFFERS

自造者世代 <<<<<<<

讓我們幫您跨越純粹理論與實際操作間的最後一道門檻

 方案**A**

新手入門組合 <<<<<<<<<

訂閱《**Make**》國際中文版一年份＋

Arduino Leonardo 控制板

NT$**1,900** 元

（總價值 NT$2,359 元）

進階升級組合 <<<<<<<<<

 方案**B**

訂閱《**Make**》國際中文版一年份＋

Ozone 控制板

NT$**1,600** 元

（總價值 NT$2,250 元）

方案**C**

微電腦世代組合 <<<<<<<

訂閱《Make》國際中文版一年份＋
Raspberry Pi 控制板

NT$**2,600**元

（總價值 NT$3,210元）

自造者知識組合 <<<<<<<

方案**D**

訂閱《Make》國際中文版一年份＋
自造世代紀錄片 DVD

NT$**1,680**元

（總價值 NT$2,110元）

注意事項：
1. 控制板方案若訂購 vol.12 前（含）之期數，一年期為 4 本；若自 vol.13 開始訂購，
　 則一年期為 6 本。
2. 本優惠方案適用期限自即日起至 2015 年 9 月 30 日止

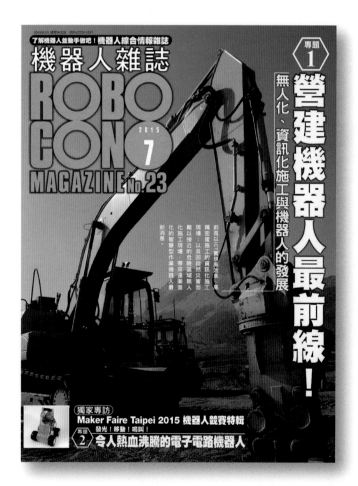

Make: EBOOK

訂閱數位版Make國際中文版雜誌，
讓精彩專題與創意實作活動隨時提供您新靈感！

Make:

http://www.makezine.com.tw/ebook.html

備註：

○ 數位版Make國際中文版雜誌由合作之電子平台協助銷售。若有任何使用上的問題，請聯絡該電子平台客服中心協助處理。

○ 各電子平台於智慧型手機／平板電腦閱讀時，多數具有平台專屬應用程式。請選擇最能符合您的需求（如費率專案／使用介面等）的應用程式下載使用。

○ 各電子平台之手機／平板電腦應用程式均可免費下載。（Andriod系統請至Google Play商店，iOS系統請至App Store搜尋下載）

「魯堅科的夏宮」
"Château de Rudenko"

文：詹姆士‧伯克　譯：Dana

還有？不會吧？真的嗎？這一定是同一個城堡。

不是嗎？這些城堡都長得一模一樣！相同的砲塔與鋸齒城垛，小小的城牆，每個建築結構都明顯缺乏水管管道。另外，我也沒看到守護城堡的守衛。甚麼人會蓋這種建築還採取這樣鬆散的管理？城堡應該是安全的堡壘，而不能讓敵軍可輕易擄走國王。但我只要搶下旗幟就可以占領這座城堡。

我認真的找到這些城堡的建造者——明尼蘇達州的安德烈‧魯堅科（Andrey Rudenko），他不像我的兄弟或任何我認識的人，只是個三分鐘熱度的人。

魯堅科不能飛，也不會噴火，不過他是一個才華洋溢的工程師，他打造一臺3D印表機，並用印表機建起這些城堡。他使用一種類似水泥的特殊混合物，只花幾個星期就列印出並組裝這個城堡（不包括因雨不能施工的日子）。這位家庭手工列印大師可以作出兩層樓的建築，他的願望是用自己設計的3D印表機蓋房子。

雖然無法保護住在裡面的國王，不過這些城堡本身相當壯觀。等到我覲見國王時，我會奏請他不要再蓋城堡了，先多聘些守衛吧。